国际时尚设计丛书·服装

# 纺织品印花图案设计

[英]亚历克斯·罗素　著

程悦杰　高琪　译

中国纺织出版社

# 内 容 提 要

这是一本关于当代纺织品印花图案设计具体实践的专业书。本书既阐述了纺织品印花图案设计的发展历程和职业要求，又介绍了设计的程序、各种设计元素和方法，内容涉及色彩、风格、工业化标准、设计制作、相关计算机数字信息处理技术等，符合现代设计的发展趋势，并且配合案例进行了说明。全书实操性、专业性、艺术性强，具有较强的启发性和借鉴性。

本书可作为服装类、纺织类、艺术类高等院校及职业技术院校的专业教材，也可供纺织品企业的印花图案设计人员、开发人员和相关研究人员培训使用或参考。

原文书名：THE FUNDAMENTALS OF PRINTED TEXTILE DESIGN
原作者名：ALEX RUSSELL
Copyright ©AVA Publishing SA 2011

AVA Publishing is an imprint of Bloomsbury Publishing PLC. This book is published by arrangement with Bloomsbury Publishing PLC, of 50 Bedford Square, London WC1B 3DP, UK

本书中文简体版经Bloomsbury Publishing PLC.授权，由中国纺织出版社独家出版发行。本书内容未经出版者书面许可，不得以任何方式或任何手段复制、转载或刊登。

著作权合同登记号：图字：01-2012-5121

## 图书在版编目（CIP）数据

纺织品印花图案设计 /（英）罗素著；程悦杰，高琪译 .—北京：中国纺织出版社，2015.1（2020.3重印）

（国际时尚设计丛书 . 服装）

书名原文：The fundamentals of printed textile design

ISBN 978-7-5180-1116-2

Ⅰ.①纺…　Ⅱ.①罗…②程…③高　Ⅲ.①纺织品—印花图案—图案设计　Ⅳ.①TS194.1

中国版本图书馆 CIP 数据核字（2014）第 238431 号

---

策划编辑：李春奕　　责任编辑：孙成成　　责任校对：楼旭红　　责任设计：何　建
责任印制：储志伟

中国纺织出版社出版发行
地址：北京市朝阳区百子湾东里A407号楼　邮政编码：100124
销售电话：010—67004422　传真：010—87155801
http://www.c-textilep.com
E-mail:faxing @c-textilep.com
中国纺织出版社天猫旗舰店
官方微博http://weibo.com/2119887771
北京华联印刷有限公司印刷　各地新华书店经销
2015年1月第1版　2020年3月第2次印刷
开本：710×1000　1/12　印张：17
字数：166千字　定价：69.80元

---

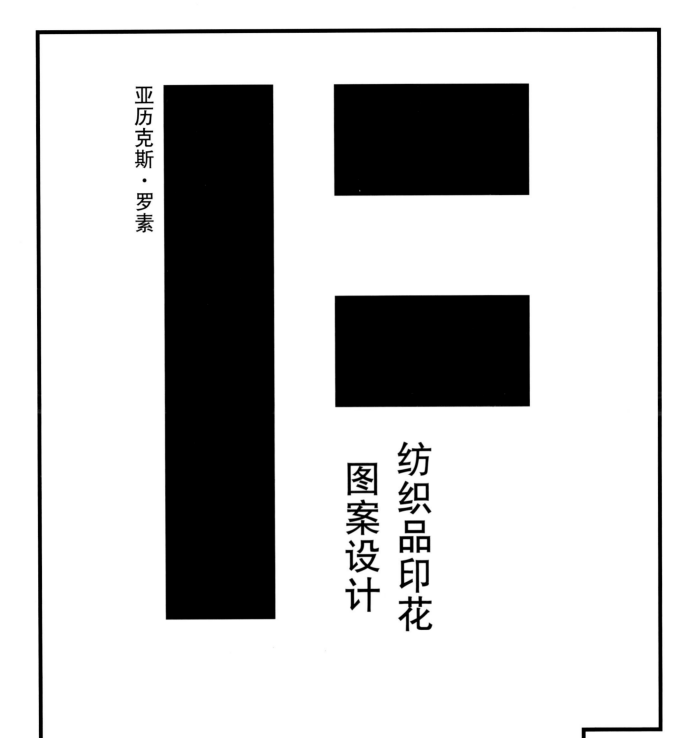

亚历克斯·罗素

纺织品印花
图案设计

academia

# 目 录

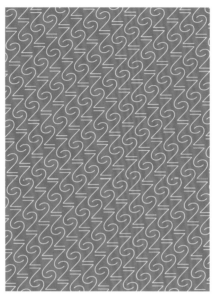

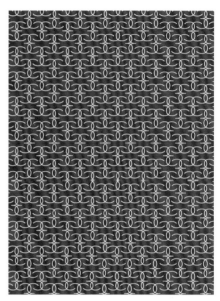

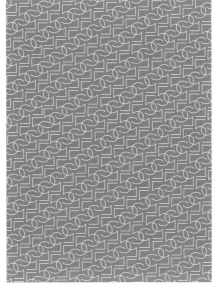

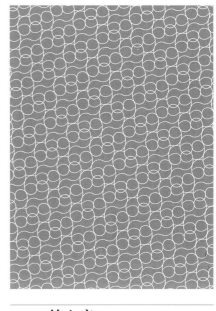

# 引言

右图：
变化无穷的纺织品印花图案营造了一个迷人的世界，一种相关职业应运而生。

本书主要介绍当代纺织品印花图案设计，并对设计师的专业技术和实践过程等几个方面展开了详细的阐述。相信设计师在阅读本书后，可以在专业知识、创新能力和商业眼光上有所提高。此外，从事印花图案设计工作的人员不仅可以通过阅读此书熟悉行业流程，还能学习并了解到不同的文化因素和经济因素对客户与消费者需求的影响。总之，通过阅读本书，设计师会对服装及纺织行业形成更全面和更深入的了解，而书中探讨的诸多关于纺织品印花图案设计的关键问题也会拓宽设计师的思路，为优秀创意提供灵感源泉。

纺织品印花图案设计师需要做的工作并不像表面看起来那么简单。从字面上可以这样理解纺织品印花图案设计——设计师将构思出的图形或图案应用到面料上的一种创作过程。而实际上，这种定义稍有误导之嫌。因为许多设计师除了设计纺织品印花图案之外，往往还可以兼顾壁纸、礼品包装或者其他商品的包装和装饰设计。他们认为被称作"图案设计师"或"平面设计师"更为时髦。即使"纺织"一词出现在他们的名片或职业描述上，也并不意味着他们的日常工作仅限于纺织品印花图案设计这一个方面。

然而，这一领域的设计从业者所兼职的五花八门的工作都具备以下几个关键点：这些设计师一直致力于为增加产品的附加值而设计产品的装饰与外包装。这使得设计产品的内容与形式在很大程度上是由产品的自然属性和装饰的技术手段所决定的。因此，这些设计常被用于时装、家居用品、礼品和办公用品中。

作为一名专业的设计师，在初学阶段对待工作要认真努力和富有耐心。本书的主要内容之一是传授进入这一行业的必备技能和良好的设计沟通技巧。希望通过书中详实的叙述，让读者更明白纺织品印花图案设计行业的状态以及设计师所必备的专业技能。

你会发现，阅读本书与你以往的阅读经历不尽相同。这是由于设计的过程往往不是按照线性的规律按部就班地进行。从任何一个既定的创意点出发，10位设计师就会有10种截然不同的设计思路和设计结果。同样，设计师面对的客户不同，也会对设计的产品产生不同的影响。在吸引你的具体工作中，没有什么会比耗费一个小时去掌握设计技巧或者是全身心地投入到设计项目中更有乐趣了。当然，无限的挑战仅仅是你职业生涯中令人兴奋的一部分。总体来说，本书要做的就是把你引导向正确的职业道路。

努力地工作，不要忽略设计版权，这样便会在设计领域游刃有余。

# 框架结构

　　为提升当代纺织品印花图案设计的理念，了解其背景是很重要的。这一图案设计的领域具有对正确实践极具影响的丰富历史。尤为重要的是，这些历史既影响了印花图案的设计意向，也影响了印花图案的印制以及面料（或其他承印物）应用的方法与要求。本章从一个已往实际操作过的简要概述入手，探索了赋予纺织品印花图案视觉语言特征且融汇图案诸元素的多元文化。

　　下一步是分析当今的印染业如何运作，揭示图案应如何应用于产品，探察该行业从业者的工作环节——这可能是一个漫长且复杂的过程。同时，展望一下当未来的数码印花变得比辊筒印花更加普遍时，我们应该如何规范数字技术等问题。

# 纺织品印花图案设计史

纺织品印花图案设计具有悠久的历史。早在4000多年前的古埃及墓室中的图画上就出现了含有图案的服装样式。有证据显示，在同时期的其他地区也存在同样的纺织品，尽管它们很可能是手工印制的。有资料显示，在纺织面料上大批量地印制印章图案是起源于至少2000年前的印度。与此同时，虽然还不清楚纺织品印花图案是否具有特别的用途，但同样的技术也存在于中国。

人们很有可能想当然地认为，只有在近代，纺织品印花图案的设计和生产才发展成为一种全球性的贸易。然而事实上，纺织品作为贸易之路上的主要货物早已有几百年的历史了。直到18世纪，欧洲的印花图案才逐渐与来自亚洲的印花图案品质接近，而这主要仰仗于铜版印刷技术的发展。排除西方的优越技术因素，欧洲图案的基础在内容和形式上深受亚洲图案的影响。这一点，直到今天也是显而易见的。

从印花纺织品设计的历史中可以发现两个对生产实践具有极大影响的现象：首先，有相当大比例的新图案是模仿了经过调整或更新后的经典图案。有些甚至是依据几千年前的老样式；其次，印制图案的技术对图案的设计实践产生了深远的影响。

## 染色技术

在大多数的印刷技术中，图案是通过将颜色涂到印版上得到的。这听起来似乎是平淡无奇的，但有些在面料上获得图案的传统方法却并非如此。这类方法中有防染法和蚀刻法。

## 防染法

在防染技术中，可以先将纺织面料用一些起遮挡作用的物质绘制或印刷一遍，然后再将其上色。例如，在印度尼西亚的蜡染工艺中，通过使用一种类似钢笔的、被称为"昌丁斯"（Tjantings）或"查斯"（Tjaps）的刷子将溶化的蜡涂抹到面料上，这种刷子通常是由金属条制作而成。溶蜡冷却后迅速形成一道屏障，当纺织品（在冷水中）被上色后，所有那些未经涂抹的面料部分都被染上了颜色，但是那些被蜡覆盖的区域仍然会保留它们原来的外观效果。然后，再将面料下水煮，这样就可以把蜡融化掉并将图案显露出来。不同模式的蜡染工艺同样存在于非洲、欧洲及亚洲的其他地区。

也可以使用许多其他物质代替蜡，其中包括由大米或其他淀粉原料与黏土做成的糯糊。在尼日利亚，约鲁巴人在纺织品上用淀粉糊制作的图案被称作厄达耶瑞思（Adires）。面料经过手工绘画，然后投进靛蓝色染料中上色，面料上其余部分由淀粉避染或再染，于是这道工序便产生了一系列不同的蓝色调。

**右图：**

在这幅印度尼西亚的蜡染例作中使用了一组基于棕色和蓝色的经典配色方案。精致的图案保持了典型的地域性特色，尽管与蜡染技术比较而言，它看起来更像是通过辊筒印花或丝网印花制作而成的。

**美不仅在于物体本身，也可能存在于影子的形状中，存在于物体所呈现的明暗之中。**

——谷崎润一郎（*Junichiro Tanizaki*）

## 扎染法

防染法的另一个变种是扎染法。用线紧紧系扎面料的某些区域，把类似种子的小型物体捆到或缝到面料里，然后把线拉紧，或者也可以打褶或褶裥。染色后，染料不能染到那些用线缠裹的区域，也不能染到褶皱里面。经过冲洗、拆开缝线、展平面料之后，图案就显露出来了。这种扎染工艺在印度得到了进一步发展，被称为班丹纳（Bandhana），而在非洲（如扎伊尔）以及日本则被称为释博如（Shiboru）。最近，这种技术被一些时装设计师所采用，其中包括本哈德·威荷姆（Berhardt Willhelm）的"2008～2009秋冬女装系列"。

## 媒染法

媒染法是与防染法相反的一种印染工艺。媒染剂是一种混合的化学制剂，它显著地提高了染料的色牢度。不论是通过绘制还是通过媒染把图案印制到面料上，为防止渗色，一般都会采用某种使染剂变稠的方式。织物一经染色，合成染料所染部分的颜色就显得非常漂亮，并会在漂洗过后呈现出异常的黑色。该工艺被印度的印染匠广泛应用（常用在雕版印刷上），之后的精制过程始于16世纪以前。

### 今天的防染法和媒染法

由于防染法和媒染法都是耗时较长的工艺，通常要动用大量的手工劳动资源，因此现在已经不会在大批量生产中广泛应用。然而，那些图案样式所产生的影响却依然存在。同时，有些印染专家，特别是那些擅长扎染技巧的人却仍在坚守着这种工艺。其中包括一家荷兰的威力斯科（Vlisco）公司，还有ABC瓦艾科斯（ABC Wax）公司（总部设在英国的曼彻斯特）及其位于加纳的姊妹公司阿考萨姆博（Akosombo）纺织品有限公司。这些公司使用了铜版辊筒印染技术来将防染剂印到面料上，而几乎所有的该类产品都会销往非洲市场。

### 雕版印花

雕版印花是一种凸版印刷技术，意为把颜料涂在印版表面的凸出部分（与其相反的是凹版印刷技术，如铜版印刷）。18世纪末，在西方普及铜版印刷和辊筒印刷前，使用雕版技术印刷面料和壁纸在世界大多数地方都是最常见的一种印刷技术。然而，发展至今，人们却只是把它作为一种特殊工艺或手工艺来进行实际应用。但最近却出现了该工艺的应用有所增加的迹象，这或许是出于对目前众多的大规模生产技术所带来的道德标准和可持续性发展问题的忧虑所导致。

在雕版印花工艺里，图案中的每种颜色都需要制作一块雕版。如果图案巨大，那么每种颜色就需要多块雕版组合而成。雕版一般是在木头上雕出图案制成的，那些非常细的线条如果单独用木头雕刻就会过于脆弱，因此只能通过把金属条镶嵌进木头里的方法来获得。在雕版印花中很难实现大面积的平涂颜色的图案，这归因于染料很难均匀地覆盖在木质雕版上。为避免这种情况的出现，采用在这一区域铺设毛毡的方法，问题就能迎刃而解，从而印出非常均匀的图案色彩。每块雕版的角上都钉有一个极小的金属点，称为定位钉。它可以在承印物的表面留下一个小色点，以便定位同版的下一个印张或者一个又一个的不同色版。

右图：

古老的纺织品印花图案经常被当代设计师作为源源不断的灵感源泉，而从前的存世图案也常被当作极具参考价值的设计元素。这幅法国雕版印刷图案所借鉴的就是1870年的、极具印度传统风格的绘画作品。

在印花时，先将颜料放到一块丝网上，再将具有弹性的底层拉伸开，用染料随意地涂刷，这样就可以把雕版覆盖上颜色。用定位钉把雕版固定在面料或纸张上，通过稳定地按住纹样并用一种特殊的大木槌敲击其背面把图案转印下来。这样，雕版就可以重复上色并在另一个位置上印花。

在19世纪，尽管经过了一些机械化的尝试，但雕版印刷仍然普遍地被铜版印刷取代了。导致这一现象的主要原因是，相比之下，铜版印刷的印刷速度更快。当然，在一定的时间范围内，凸版印刷仍然作为高端市场所采用的工艺手段之一而得到继续运用，尤其是在印刷威廉·莫里斯的壁纸和印花棉布图案时体现得尤为突出。

正如吃饭始于食欲，同样，工作始于灵感，即便灵感在工作初期并不明显。

——伊戈尔·斯特拉文斯基（Igor Stravinsky）

**作者贴士**
**灵感资料库**

一名设计师可以拥有的最有帮助的资源是图片资料库。你应该养成一种搜集各种素材的习惯。在这一过程中尽量客观地寻找图片，这将会帮助你开辟一条广泛了解各种不同类型的印刷图案的途径，而不只是那些你主观上喜欢的元素。图片资料库应该包括各种可以找到的来自不同时代和不同文化的经典设计。

你可以从以下两种途径中择取其一来完成上述工作——在纸上或在网络上。对于前者，在续钉或取出单独的页面时，文件夹可能比速写本更方便（如将一系列不同的图像合钉起来，作为一个特定项目的灵感）。对于后者，博客或者图片分享网站都是免费且易于建立的。同时，在整理网络上下载的图片或者是自有图片的过程中可能会获得一种更加理想的设计方式。

在任何情况下，你都需要尽量地去积累资料。无论你在哪里发现的图片或是通过它掌握了何种信息，这些资料都需要被及时、迅速地记录下来，而非事后苦苦寻找。

**据说印度次大陆是全球最新颖、最具创意和最大产能的印染纺织品来源地。**

——德鲁希拉·科尔（Drusilla Cole）

右图：

一幅印度派莱姆珀（Palampore）床罩，表现的是一种生命树图案，这种图案对欧洲纺织品印花图案设计产生了深远的影响。

## 印度设计

在17世纪的欧洲，纺织品图案和刺绣图案的设计与生产质量（也包括价格）都达到了非常高的水平，而印花图案常被当作它们的廉价复制品。在这段时间里，欧洲国家开始逐步扩大同亚洲的贸易往来。来自印度被称为凯勒考斯（Calicos）或辰斯（Chintzes）的手工印花图案成为这些贸易往来的关键元素。这些面料上的图形意象大多都是受到印度派莱姆珀床罩构成形式的启发而形成的。到目前为止，它们仍被认为是纺织品图案和刺绣图案的廉价仿制品。在西方的早期，手工印花图案以其本身的价值极受欢迎。随着这种面料需求的不断增加，销售商鼓励印度的生产商既采用手工印刷也采用模板印刷的方法去提高生产量。欧洲也尝试了同类产品的生产，但最初无论在设计还是印制条件上都不能与当时印度纺织品的质量相提并论。直到18世纪50年代，欧洲生产商才开始大量吸取亚洲的纺织品设计和生产技术，以获得可与之媲美的纺织品质量。

## 印度图案的影响

在图案上，印度纺织品对欧洲纺织品的发展具有不可估量的巨大影响。起初，在欧洲生产商开始培训印染设计师的时候，他们对于面料的设计要求就是"看起来要像是印度生产的"。这种训练的框架是按照印度的凯勒考斯和辰斯的模式。欧洲设计师实质上是被灌输了用印度风格来设计的意识。当然，在新的风格出现后或是全世界贸易繁荣的时候，来源广泛的不同文化下的图案就会被采纳与融合。然而，在一些纺织品印花图案设计语汇的关键部分，尤其是花卉，必将径直回归到印度设计的技术道路上去。

这是一个一直持续到今天的欧洲早期做法——巧妙地更新已有的模式来维持他们的需求。值得注意的是印染工业的周期性。17世纪80年代中期，在印度建有一个庞大的供给欧洲市场的生产基地。但在不足100年后，这些基地因西方掌握了同样的技术而消失。在19世纪末，英国生产了大量的印花纺织品并出口到全世界。100年后，大量的生产基地却又转移回到了东方。

## 铜版印花

最早在面料上使用铜版印刷的据说是起源于18世纪中期的爱尔兰。这是一种凹版印刷工艺。先把图案刻在铜版的表面上，再用染料覆盖铜版，然后将铜版表层擦拭干净，这样颜料就被保存在低于表层的蚀刻线中。最后，图案就被印刷机转印到面料上。这种技术类似于蚀刻版画，特别适合于非常精细的逐行图像。

图案设计师如何在这种新的发展趋势下工作，显示了新技术对于生产实践上的影响。图案往往是单色的（雕版是一项极为费力的工作，同时，不同雕版的登记也是很困难的）。为实现阴影效果，习惯上采用交叉排线法（该工艺适合于精细微妙的线）在空的地方出现详细的图案区域（用又大又重的板子把一块模板的底部与另一块的顶部准确连接在一起呈现一个图案非常困难）。

设计师使用的图像还延伸到新的领域。这个过程非常类似于当时的插图印制方式，许多图案具有叙事性质。事实上，装饰画也广受欢迎，田园牧歌式的风景经常出现在设计师的作品中。例如，让-巴普蒂斯特·休伊特（Jean-Baptiste Huet）被训练成一名画家，并被奥贝坎普（Oberkampf）委托创作了许多著名的朱伊图案（Toiles de Jouy）。值得注意的是，这是在纺织品印花图案中被记载的最早的名称之一。直到今天，许多纺织品印花图案是没有名称的。

## 铜版辊筒印花

到18世纪末，印染工艺采用了铜版辊筒技术。图案被刻在铜质管状物的表面上，而不再是平面上，然后再被装配到机器里面。机器带动辊筒旋转，将染料覆盖到辊筒上，再将辊筒的表层擦净并将面料缠绕到辊筒上，图案的颜色就通过刻槽显现。一台机器中可以装配很多辊筒，以便于一个系列的颜色能够被快速印出来。至关重要的是，这种工艺能将整卷的面料毫不停顿地快速印完。然而，铜版辊筒技术却经历了很长的时间，这主要是因为雕刻辊筒版是一项技术难度大且耗时多的工艺，而机械雕刻机器的发明则帮助辊筒印染技术获得了长足的发展。到20世纪，蚀刻照相技术的发明为辊筒印染技术提供了一个快速发展契机。在丝网印机械化之前，辊筒印仍是一个主要的印刷方式。

## 合成染料

除印染技术的提高外，在19世纪中期还有另外一个对纺织品印花事业具有深远影响的进步因素。当时所有的染料都来源于天然物质。许多颜色只能通过混合才能获取，其配方被奉为机密，印染匠需要付出惊人的高价才能获得。要知道，如今大批量生产的那些光谱色中的常见颜色的面料在当时都不能生产。

1856年，一位住在英国曼彻斯特市的名为威廉·坡肯（William Perkin）的化学家从沥青中研制出一种合成紫色染料。自此之后，一场席卷欧洲的大范围发明浪潮最终给印花图案设计师们提供了工作所需要的全彩虹色谱。饱和色迅速流行起来。"坡肯紫"被迅速接纳并推崇，以至于当时的时尚可以被描述为"淡紫色时代"。

当威廉·莫里斯（William Morris）在19世纪60年代开始涉足纺织品设计行业的时候，他觉得合成色彩是粗鲁的，且认为机械化导致了印花图案设计水平鲜有提高。制造商们对产量的关注远远大于质量。尽管威廉·莫里斯的那些值得称赞的优秀创意图案都被用作与其价值不符的面料和墙纸，但是他的工作仍然具有极大的影响力，他所设计的许多图案至今仍可在桑德森（Sanderson）地区找到。其他的"工艺美术运动"设计师诸如C.F.A沃伊奇（C.F.A.Voysey）、沃尔特·克兰（Walter Crane）等人的设计作品则深受印度、中国、日本等国家的装饰图案的影响。另外，还应该感谢诸如亚瑟·斯雷沃（Arthur Silver）以及他的同事们如雷波第（Liberty）等设计师的技术，他们都因为自己印制的纺织品而声名远播。然而，值得注意的是有证据显示莫里斯以及其他杰出的"工艺美术运动"大师们的作品在欧洲大陆被生产商们所赏识的程度远远高于在英国。这些特征鲜明的图案作品仅存在于参考书籍和生产的历史资料中（这无可非议），事实上却很少应用于室内设计等设计形式之中。

## 丝网印花的兴起

　　在20世纪的20年代，纺织品印花图案的印染者开始使用一种新的技术——丝网印花。铜版辊筒印曾一度比雕版印更容易，但只有在大批量印染的时候其昂贵的刻版和安装机械的成本才是值得的。高端的时装面料尤其需要一条既快速又相对廉价、运转周期短的纺织品印染途径（雕版印花也是过于辛劳的）。于是，丝网印成为了首选对象。

　　丝网印花是由曾经风行全球的雕版印花工艺发展而来，主要适用于印纸或其他非常薄的材质，该技术在日本达到了高超的水平。在日本，丝网印刷自8世纪以来就被用作在面料上转印图案。

## 平网印花工艺

　　最基本的丝网印花是用一个边框把一块有网孔的面料撑平，在有图案的区域网孔是敞开的，而其他区域则是被覆盖物（或蜡纸）阻塞。然后用橡皮滚子（或橡皮刮片）把染料摊到丝网上，这时染料就会漏过有空隙的网孔，图案也就转印到了丝网下的平面上。

　　虽然蜡纸刻版也可以用来做丝网印花，但图案的丝网转印一般都是通过照相工艺来完成的。图案中的每一种颜色都被转换成一张反转底片，可用手工着色照相或用复印的方法来制作胶片，这样一来，图案的所有元素都是遮光的。然后，把胶片放到已经涂过光敏性感光乳剂的丝网上，再将其曝光（通常是用紫外线），这样就会将感光乳液变成防水物质。当用水冲洗丝网的时候，胶片上的那些遮光部分就免受了光照，经水冲洗之后，一幅耐久的图案就留在了丝网上。

**右图：**

　　这幅图案是由芭芭拉·布朗（Barbara Brown）在20世纪60年代设计的，是充分利用丝网印的优势去印制大面积平涂色彩的成功范例。

　　这意味着任何素描的、油画的或摄影的图像都可以被方便快捷地印制在面料或其他物体的表面上，可谓开印刷之先河。同时，这也促进了广受欢迎的高档时装公司热衷于推出新的款式，进而要求纺织品印花图案设计师去不断开发新的产品。通过这次革新，时下绘画风格的影响在许多图案中都非常清楚地显现了出来。

**右图：**
  一张辊筒丝网印花的自由组合图案，是设计师克莱尔·罗伯特（Claire Roberts）的作品。

## 丝网印花用于大批量生产

在20世纪50年代，丝网印花发展成为机械化形式。最初，平版丝网印花只被当作手工印制工艺而保留。逐渐地，丝网印花占据了铜版辊筒印花的位置。自动化工艺将面料置于丝网版底下，于是面料就压低下去，橡胶滚轴机械地覆盖丝网版，丝网版抬起时面料同时被移动到下一个位置，每一种颜色都需要一个不同的丝网版。

作为20世纪60年代技术发展的产物，圆网印花变得更加发达。这种印刷方法极大地提高了印刷速度，弥补了平床机上纺织品的启动和停止定位所不具备的优异的机械效率。圆网印版是由一种薄如镍币的筒状物构成的。在金属筒版上，用蚀刻法或激光雕刻法沿着图案的轮廓刻出一些微小的细孔。筒版的两端由密实结构的物体填实着，里面填充橡胶和染料混合物。筒版下面面料的走动方式与铜版辊筒印花相同。与此同时，在圆筒网版上组成图案的细孔在橡胶滚轴下移动，颜料透过细孔被挤压到面料表面。随着不断增加的圆筒网版接踵而至，许多种颜色就被瞬间印制完成。这种工艺最终取代了辊筒印花，并成为了今天所使用的最普及的印刷生产技术。

现在，虽然手工丝网印花仍被用于某些高端或工艺基础的工作，但是绝大多数的纺织品印染都是由圆筒丝网印花来完成的。当然，它们都是基于同一种技术。机械化的复杂性使得为一个新图案而搭建一套新设备变得极为奢侈。这意味着它们并不适宜于低产量（小批量）的印刷。相反，数码印花技术在这方面的应用方兴未艾。

## 其他印染技术

另外还有几种为数不多但值得注意的印刷工艺，尽管它们并未被特别广泛地应用过。下面所列举的不能说是最详尽的，但总有一类你极有可能会接触到。

### 转印法

首先，图案被印到纸上（在大多数情况下采用扩散性的染料）。然后纸再被热压到纺织品上，热压的过程就是染料受热升华并转印到纺织品上的过程（故此得名）。由于扩散性染料只适用于某些纺织面料（如聚酯纤维），因此这种工艺有一定的局限性，然而却非常适合采用半色调或者CMYK自动分色法印制照片，这通常是丝网印花所能无能为力的。另外一种情况确实存在：转印法还可用于印制天然纤维面料，但通常需要经过预处理工艺。

### 平版印法

历史上，有若干次将平版纺织品印刷工艺机械化的尝试，但结果都因存在对齐精度的问题而只能在偏远地区使用。另外，平版印刷在纸印工业中占据着中流砥柱的地位。然而在礼品或文具行业工作的设计师们还是更喜欢用平版工艺印制的图案，他们通常更偏向于胶版印。

# 数字革命远比书写，甚至是印刷的意义更重要！

——高格拉斯·恩格尔巴特（Douglas Engelbart）

### 胶版印刷

被印制的图像一般都会分成四个颜色：蓝、红、黄和黑（CMYK）。每个分色都由不同规格的小点组成，当这些点被印在一起的时候，就会在视觉上形成完整的图像。为了防止图案显示时的干扰，色点要按照不同的角度排布。在某些情况下，色彩的区域（或者其他有光泽或金属质感的亮光面区域）被用以跟CMYK分色法结合（或代替），这些区域被称为点彩。虽然不经常被提及，但丝网印多被认为是一种点彩的工艺，这归因于它的每一种颜色都是被单独应用的。丝网印常被用于纸张印刷工艺，但一般是小批量或印数有限的情况下，诸如美术作品的印刷。在近19世纪末期时，商业化的平版印刷迅速结合了摄影技术，同时也有力地推动了数码技术的使用。

### 壁纸印刷

壁纸印刷采用了多种多样的方法，其中有些对于终端用户来说是相当独特的。为了把印刷品做出一种不规则的质感，可以使用橡胶辊筒印制。另外，用于壁纸印刷的技巧还包括轧花、植绒以及用其他方式改造外观等。非常高档的壁纸会采用手工印刷。在此类型中，或许最耗费劳力的当属朱伯公司（Zuber Company）设计的全景风景壁纸了。当代的高端图案大多采用数码技术。例如，由麦克希亚劳特（Maxalot）公司委托一系列设计师和画家采用喷墨印刷技术印制的壁纸。

### 陶瓷转移印

在陶瓷行业工作的图案设计师多会采用陶瓷转移印方法将他们的图案转印到产品上。首先以釉粉为墨，用丝网印花或者数码印花的方法把图案印到纸上，然后再转印到陶瓷上。

**讨论议题**
**仿旧技术**

　　用铜版印或者辊筒印取代木版印导致了一个特别的结果。在采用木版印时，因松树脂而产生的一些小色点被印在了面料上，这实际上并非是该方法所预期的效果，因而曾被看作是疵点的标志。但在很多情况下，小色点会被刻意添加在关键位置，使得由实实在在的铜版辊筒印制的图案看起来似乎是木版印的一样。思考一下：丝网印花和数码印花的相似点是什么？

### 未来的印染

　　截至21世纪，纺织面料图案设计的进程是漫长和全球化的，期间也发生了巨大的技术改革，尤其是最近的250年。虽然今天工作在工业生产一线的设计师们几乎没有可能接触到历史上的印染工艺，但是了解这些还是很重要的。因为它们曾经在行业发展的道路上产生过巨大的影响。可以说，印刷品和图案的视觉语言在过去的一段时期就已经发展成形。新技术发明的可能性就是以此为核心而产生的。本章将在第30～35页详细地讲述数码技术的冲击将有可能深度地改变图案及其生产工艺流程。有些设计师意识到了消费者的反应在过去已经深刻地改变了技术和设计的工艺。他们具有更高的眼界，具备应对激动人心的各种可能性的能力，同时还能更好地使其他人接受变化带来的益处。

左图：

　　丹·方德布鲁（Dan Funderburgh）的唐人街图案，既使用了中国传统的纹样也使用了法国18世纪典型的诸如奥伯坎普夫（Oberkampt）公司生产的田园牧歌样式。

# 纺织品印花图案设计职业

右图：

来自苏·斯戴穆坡（Sue Stemp's）在2007年秋冬时装系列中的反着看的迪安·卓图案（The Deanne Cheuk Design）。

所谓典型的专业纺织品印花图案设计师或许根本不存在。今天的从业者可能是被单一的一家公司雇用，也可能是自由职业者或者可能（越来越普遍）是多专长的职业，他们将同时参与不同领域的工作。许多印染和图案的工作可能会由平面设计师或插图设计师来完成。同时，纺织品印花图案设计师也可能会发现他们做了几乎涵盖产品全部领域的设计工作，但却唯独没有以面料为核心的本职工作。

从业者的本职工作是，创造商业上切实可行的印花图案以满足特定客户的需求。许多纺织品印花图案设计师所从事的工作总体来说是一个复杂的生产工艺流程中的极小部分，明白这一点非常重要。同时，设计师也务必知道一个图案的样子会在设计师完成稿和成为产品之间发生多么悬殊的差别。图案可能会被重新设色、改变大小、设计元素被换位或被改变，也有可能被其他同行用作设计灵感而并非是成品。

### 纺织品印花图案设计师的作用

设计师执行工作简报。工作简报的内容有可能会比较抽象或概念化，也可能会较为详细、具体。但在大多数情况下，设计师会得到某种设计的成果以及一些可供参考的图像和色彩等元素信息。这个过程本身就是一个使用相关信息去满足客户对印花图案的需求的过程。

### 纺织品印花图案设计师的角色

思考一下纺织品印花图案设计师的角色是有益的，这对于研究产品可以提供更多的帮助。作为一名从业者，你应该能够平衡技术范畴（如重复印制图案的方法可用来理解印染工艺如何影响色彩应用的方式）和美学决策，并需要直观、简洁地给出答案。这种设计服务是一个长链条的环节之一，但却是对终端产品极具影响的重要一环。从商业的角度上讲，把印花图案变成产品的方法就是增加需求性。从纯粹的功能上讲，在物体上印上一个图案，如印在一件家具的面料上，这对于其产品不会产生任何影响——它既不会让沙发罩延长使用寿命，触感上也与没有图案的同种面料无任何差异。然而，图案设计的样式却对顾客的购买选择以及给予生产商一个提升产品吸引力和利润率的机会具有重要的影响。

### 纺织品印花图案设计领域

一般来说，纺织品印花图案设计师设计的图案作品主要应用在以下领域：

#### 家居/室内

这主要包括家具面料上的图案、床上用品、窗帘、遮帘、壁纸、地毯、围毯或者在室内任何可以添加图案的空余表面。另外，还可以包括厨房用品或陶瓷和类似的产品，以及可能兼具礼品作用的瓷器。

#### 时装

这主要包括男士、女士或者儿童的服装、鞋袜、饰品以及其他任何相关产品。

#### 礼品/文具

这主要包括包装纸、卡片以及任何印有图案的文具——笔记本的封面、文件夹以及诸如此类的产品上的图案。

除了设计种类繁多的图案产品之外，印染从业者还可能从事相关领域的工作。例如，流行趋势研究机构或预测机构、造型、品牌识别策划和艺术指导等。

在设计学校建立之前，设计师需要做学徒并通过许多方法来学习技术，包括拷贝已有的图案并为前辈设计师的印前工作做准备（如把图案分色）。虽然现在作为工作的一部分，许多设计师都受到了特殊的训练，特别是在他们职业生涯的起始阶段。目前，大多数人在上岗前都需要获得一种等级资格的认证。

**上图：**

在印花图案中，花卉可能是最常见的元素了。这幅图案是迪安·卓（The Deanne Cheuk）图案与牡丹和棕榈树的混合设计图形。

### 21世纪的设计职业

近几年来，可以看到许多设计师改变了他们的工作方式。很多人，尤其是创意产业的人，他们因同时从事相关领域的多份职业而广为人知——为单个的雇主工作相对较短的时间，在同一时间里完成一件以上的其他工作。又或者是，他们可以把自由职业工作和专职工作结合起来。在某些情况下，特别是在某个人的职业生涯早期，其中可能包含非创意性的工作，这是为寻找或从事自由职业奠定基础。有经验的设计师多会拥有一些提供定期基本收入的特定客户，这就给他们制造了可以涉足高风险工作项目的机会。

### 家具上的印花图案

在大多数情况下，设计师会同时兼顾家居设计和室内设计工作。他们设计的产品规格（如羽绒被罩）意味着：相比时装界同行，这个领域的从业者要经常做更大规格的产品。在这个领域内，兼顾多份工作是行业特点，也是无可选择的。

虽然这个领域也有许多真正的创新设计，但其潮流的变化要比时装部门来得慢——成功产品的持续生产时间更久（能卖多久就生产多久），而不像服装部门那样每6个月就自动更新。

### 时装界的印花和图案

纺织品印花图案设计师提供一套指导方案，厂商据此去生产最终的纺织品，这种想法在服装行业尤其常见。对于图案而言，设计成"满地花式"是很常见的，但也仅仅是个大概而已，实际上不可能做到机械性的精确重复。有很多迹象显示这是向数字化设计转变的开始，数字化使图案实现得更加快速、便捷。但现在仍然存在这种情况，许多设计师把服装设计成满地花式图案，但他们自己却不愿意去重复这些图案。大量的服饰图案并不是单纯重复的设计。图案设计一般是将单个的图形或者平面纹样（如T恤），又或者用其他印花工艺把图案放置在服装的一个特定部位上。人们通常把在这个部门工作的从业人员称为"平面设计师"而不是"纺织品印花图案设计师"。

### 其他领域的印花和图案

礼品、文具以及其他领域的设计师们在很多案例中会运用另外的技术将印花图案转移到产品上，而非使用丝网印花的方式。以许多礼品包装为例，就是采用了如平版印刷的四色分版工艺。那些餐具类产品的设计师喜欢使用陶瓷转印工艺去印制他们的产品。可见，产品的生产特性发生了很大变化，重复或者定位的图案可能会有更大的市场需求。

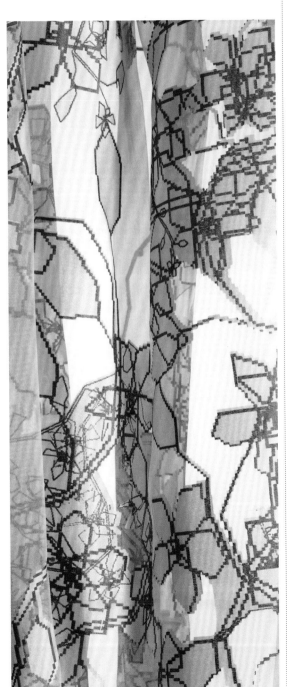

### 零售和制造业雇主

　　一位纺织品印花图案设计师的职业有多条道路可供选择。如果有人雇用他们（不同于自由职业者），比较典型的是在一家零售或是生产印花图案产品并且拥有一间内部设计室的公司工作。在这种方式下，通常有一名或者多名设计师受聘去创作印花图案用来印在公司产品上或者作为其产品的一部分。不同的工作方式具有迥然不同的工作特性，但典型的从业者只需用设计工作来应对：要么创造新的印花图案，要么采用已经存在的印花图案。较大的设计工作室一般具有从初级到高级设计师的多种职位；后者可能享有作者权和对整体设计担当更大的责任（以及很少量的手工设计工作），他们也许更注重经营管理。

　　由于多种原因，内部零售设计工作室在较大型的公司里越来越常见。在很多情况下，尤其是在时装行业，印花图案设计只在年内的特定时间点以及在公司决定整体服装系列如何呈现（表现为印花图案的主题是什么）与即将投产之间相对较短的时间范围内需要。对于小本生意，那就意味着很难找出雇用一位全职设计师的理由。那些确实有自己内部设计师的公司，经常会从中介或者自由设计师那里购买额外设计作品。这些作品可能不会投入生产，而是仅仅作为内部设计团队的灵感来源，或者改编成两种或者更多的独立印花图案。

左图：

　　托德·布杰尼（Tord Boontje）的设计因独具特色而被用于多种不同的产品上，这是他其中一个图案作品，是为丹麦特雷通（Kvadrat）公司设计的。

### 代理机构

所谓代理，就是把设计师的作品转卖到一系列公司的商务活动。有的代理机构主要关注特定的市场，有的则会将所代理的产品销售到很广泛的客户群体里。多数代理机构的业务范围会涉及一个以上的国家，甚至有一些会遍及几大洲。很多代理机构有很严密的组织构架，也有很明确的等级制度并且给每位员工设定角色，有销售和市场职位，也有设计职位。另外还有一些流动的基层工作。例如，设计师有时要创作新的作品，另外一些时间则销售设计作品。

有些代理机构雇用设计师时，不管每位设计师能销出多少作品都要付给他们固定额度的工资。另外一些代理机构则根据设计师卖出设计作品总量的百分比来给他们进行工资结算，通常是销售价格的55%~60%。还有些代理机构采用两者结合的方法，代理机构给设计师预付费用（月结或者周结），这些都从他们的销售总额中扣除出去。有一些代理机构还会收取设计师极小部分的费用，这主要用于给客户展示他们的作品。

大体上讲，代理机构的销售方式共有三种。第一种是以建立约会的形式直接给有潜质的客户展示他们的系列作品，通常是在同样的地点、同样的时间约见已选好的客户；第二种是通过交易会，由代理商租用场地，交易会空间一般是以平方米付费的；最后一种方式是致力于客户的委托设计而不是从作品集里选择作品去购买，他们会简短地介绍代理机构，然后把工作交给设计团队去完成。除了供应设计作品，代理机构也可能提供其他的服务。

有一些代理机构拥有他们自己设计团队的工作空间。代理机构雇用设计师的现象越来越常见，而不再是仅仅聘用一些自由设计师。但是，仍有不少工作室还是采用原来的方式。设计师扮演的角色可能是直截了当的印花图案创作，但是也有些人的工作任务可能是诸如在纺织品上印花或者设计色彩（如果代理机构是通过纺织品样本或者空白页来展示作品的话）。

鉴于此，代理机构将作品销售到不同的市场或者出现在不同的地区都很正常。其他一些设计师则直接为客户工作而不是通过代理机构——一般情况下，很多经验丰富的从业者可以建立这种直接与客户对接的联系。他们也可以采取和代理机构同样的操作方式，如通过直接和有潜质的客户见面或是在设计交易会上展览。一些自由设计师会把给代理机构提供的工作和直接给客户设计结合起来，甚至带薪工作。

尽管一些工作都是在代理机构处开展，但是自由设计师通常在家里或是租一间工作室工作。虽然工作本质上是团队的一部分（面对客户或代理机构），但他们在工作日里是分开的。这些在外面工作的设计师们可能和其他从事创意性工作的人分享同一个工作室空间或者房间。

**左边：**

帕珀切斯（Paperchase）在礼品和文具设计上使用了题材广泛的印花图案。

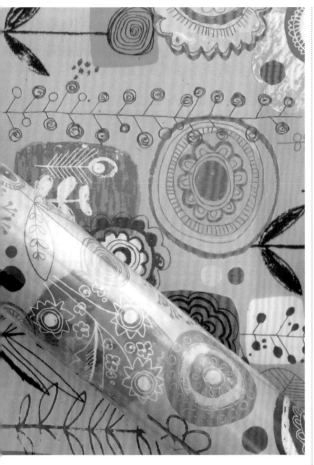

## 自由设计师

自由设计师以出售设计作品或提供与客户相关的服务为营生。服务形式包括直接面对客户或者通过代理机构（或者两者都有）来提供服务。他们只收取售出产品的费用（而没有工资），同时为自己拥有的账户负责并打理纳税事务（或者雇用一个会计人员去处理）。一些自由创作者专门为一家代理机构工作，但是有些可能为两家或两家以上的代理机构工作。

# 纺织品印花图案设计与数码科技

数码科技对纺织品印花图案设计有着巨大的影响。在大多数的工作要求中都将软件技能作为一个基本要求明确提出，基于计算机设计的工艺也越来越多。尽管印花领域里的科技运用已经比其他一些设计领域发展得慢了一些，但软件技术基础对未来的设计仍然是至关重要的。

用科技手段可以设计任何图案花型，甚至包括那些看起来很传统的图案，了解这一点是非常重要的。手工创作和数码创作地位等同且互不排斥。也有设计师会把手绘作品通过扫描方式导入到计算机后，再用软件做重复图案设计。即使图案作品是纯手绘的，印染的过程也极可能涉及一些数码科技的形式。

## 数码设计危机

相对其他创意行业领域如平面设计或者产品设计来说，印花图案设计的数码技术发展相当缓慢。其原因是多样的，但是在类似的生产工艺条件下，手绘图案会更独特的观念才极可能是这个问题的核心。自20世纪90年代中期以来，纺织品设计师日趋采用数码媒介来做设计工作，在任何工作描述中，若没提到一种以上的软件名称是很稀有的。同时，传统的绘画形式和媒介在设计过程中也是重要的一部分。最终的设计成品越来越多地采用数码模式，尤其是在内部生产时。

## 数码设计

首先，纺织品印花图案设计师用的软件都是相当普遍的专业软件，本质上就是把传统的创作图案的方式转化为数码方式。计算机软件的功能列表里有软件工具名称，设计师在掌握这些工具后可把他们此前在纸上绘制的作品再在计算机屏幕上做出来。这些早期的硬件系统大体上都非常昂贵且操作起来非常复杂，因此令大多数的自由设计师都望而却步。

这仅限于一部分公司会使用专业的计算机软件，近几年越来越多的设计师采用了Adobe®的软件，最初是Photoshop®，后来用Illustrator®。这种软件的工具更趋向于平面设计和摄影处理技术的使用范畴，计算机程序提供了一个可以使纺织品设计师运用优异的平台去创作图案的广阔空间，无处不在的Creative Suite®软件提升了纺织品印花图案设计在教学和生产两方面的水平。

在图案样式和印花技术已经发生改变的情况下，从业者用手工去创作图案的方法直到目前的很长一段时间内鲜有改变。200年前留存的设计图工艺与如今设计师不用数码技术创作的并没有明显的区别。然而，数码科技的到来毕竟对印花图案的创作产生了深远的影响。不难想象，每一项新科技都会激动人心，然而有几个理由可以表明当数码印花逐渐取代丝网印花时，许多传统纺织品印花的核心经典将会发生改变。

目前，虽然设计师会使用数码媒介去创作图案，但他们必须要把图案分色，每一种颜色都要用圆筒丝网印花技术单独印刷。如果是一个长款型的话，图案还必须要重复。这两个约束条件——限色和图案的重复，构成了纺织品印花图案设计的局限，甚至是从生产机械化以来一贯如此。数字技术为从业者提供了摆脱这两个局限的可能性。

**从技术局限的层面来说，数码影像已经帮助我们解除了限制。我们不再是科技的裁决人；我们在创意的领域里逐渐参与到科技演进的进程中。**

——约翰·迪卡斯卓（John Dykstra）

**数码印花**

数码印花是一个基于喷墨式打印技术的工艺过程。印花喷头在面料上从一边移动到另一边把染料喷在面料上。最基础的打印机用蓝绿色、洋红色、黄色和黑色颜料在面料上混合形成一个较大范围的合成色域。较先进的打印机有其他种颜色形成一个较完整的色域。一个专业的打印驱动器控制整个过程，这个驱动器叫作光栅图像处理器，它把图案从文件中转到面料上。把面料上的合成图案放大后可以看出，印好的图案是由多个染色的微小的斑点组成的。从任何一个角度上讲，这些光学混合色彩都可以提供一个完整的色彩光谱。数码印花经常使用含有固定剂的染料在面料上印染。不同于传统的面料印花过程，所有的配料都包含在印花色浆里，这些色浆要求印在面料上一次成形。有一些印花机可以不需要预处理纺织品，而直接用颜料去印花。

目前，数码印花过程通常用于样品打样和短幅面料印花。然而，新的打印头技术可以在每次传送中覆盖更大面积的面料。如此一来，当面料在打印头下通过时能够提高面料的稳定性。在工厂里，用相对较低的成本进行大批量数码印花的方式已在亚洲开始应用。可以毫不夸张地预言：数码印花工艺将会逐渐取代圆网印花在大批量生产中的主导地位。

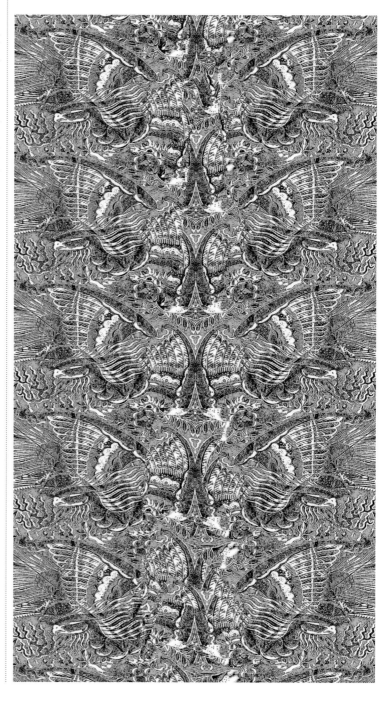

## 脱离纺织品的图案设计

设计师的数字化操作未必一定和织物有联系。一个图案可以全部用软件进行制作或者把手绘图通过扫描或拍照的方式数字化后再创作出来。在这两种情况下产生的文件用数码印花技术把图案直接印在面料上，远比先前的印花方法快得多。大多数接受传统教育的设计师多会通过在实际面料上操作来了解丝网印花。对于那些基于更多手工制作的方法来说，丝网印花的过程是设计过程中不可分割的一部分，而不是当设计过程完成后再把设计稿体现在面料上。在业内，较少有设计师有过曾经在工厂里的丝网或印刷台上实际工作（与设计兼制作者或类似手工艺品制作者不同）的经验。但在他们的设计训练过程中有能力去做这些是（且仍然是）很重要的，当然，这不仅仅是因为这个过程增加了他们在面料上工作的经验。然而，数码印花的增加，使得印花图案设计师有了更多接近实际印花过程的机会，尤其是在了解面料的功能方面。

态度需要转变，这么说可能会有争议。但是，对那些想在这个行业中把设计作为职业的纺织品印花图案设计专业的学生而言，在面料上花费更多时间是否值得已有异议。大多数纺织品印花图案设计师不会去选择印花的面料，也并非在给了工作简报以后就能确定面料，他们对谁会买这个设计更加没有足够了解。当然，对于印花过程的理解以及对不同面料品种有一个基本认识是很重要的。然而，理解成品面料与印在其上的图案元素如何协调应该是更有用的。

请记住：学习技术很重要。若要在绘画上出类拔萃需投入大量的时间和精力，软件学习亦然。优秀的纺织品印花图案设计的构成元素包括：颜色、图案、构图等。不管应用到任何媒介上，这都意味着需要花费大量的时间和努力才能获得。一位有经验的数码设计师可能会快速地出图，但是为了得到更好的效果仍需投入很多的心血。

左图：

安吉尔·常（Angel Chang）与3D技术专家亚当·贝克曼合作创作出这种印花。图案看起来令人有种愉快、乐观的感觉，其中包含了一个隐藏的3D喷墨式的立体图。

## 数码印花的优势

数码印花给设计师提供了很多以前没有的选择。用丝网印花技术（或者更早的工艺）印制摄影图片时，从一个颜色到另一个颜色的混合效果处理起来是很困难的，但是用新技术就易如反掌了。新技术中的色彩数量不再受限制——即便一个图案有几个颜色或有数以万计的颜色，其生产成本和可行性并没有很大的区别。能大规模印制且不受色彩数量限制的想法对于先前的技术来说上几乎是不可能的。

另外，数码印花技术给设计师提供了新的可能性，也为生产工艺带来更多的益处。这尤其体现在以下两个方面：将面料印制成产品所耗费的时间以及样品制作的便捷（或低廉）程度。

对于丝网印花而言，在印刷机接收图案和产品完成之间有三个主要步骤。首先必须将图案分色。如果这一图案是数码格式的，那么这一过程当然是很快的。然后是制版以及装版印刷。最后，一个花样（一个印刷的样品）被印出来，在批量印刷开始前，样品需经过检测核准。数码印花技术极大地缩短了这个过程——设计稿可以直接发送到打印机，尽管颜色配比有些难度，但是在几分钟内制作出样品还是有可能的。

数码印染工艺的染料利用率更高——在丝网印花中只有大约60%的染料能留在面料上，面料经冲洗后剩下的染料就都被浪费了。相比之下，数码印花剩下的可能导致环境问题的染料是微不足道的。

数码印花提供了一种其他印刷方法难以企及的定制水准。在图案的内容和尺寸上做任何改变都可以立刻体现在面料上，并且如果有必要还可以当即恢复。精心设计的图案可以缩放以适合任意尺寸的服装——这在丝网印花上通常是很昂贵的，因为每一个不同尺寸的图案都被要求制作一套全新的丝网版。另外，数码印花中的不同元素可以迅速结合体现在现有的图案中。尽管这些可行性尚处于初级阶段且不会在短期内得到广泛采用。例如，在门帘上用特殊的程序创作一个图形，再把一系列元素加进不断变化的图案中。

## 数码印花的劣势

较之丝网印花，数码印花有许多的优势，但是目前在部分领域其技术仍是滞后的。在数码印花中，大面积的平涂颜色可能存在明显的条纹状且渗透的染料也不够深，进而导致在一些厚重的面料上出现很明显的色牢度较低的现象。还有一些特殊工艺，如烫金印刷、锡箔或者植绒花纹等，目前通过数码印花技术还做不出来。任何印花工艺都要求面料做好提前准备，但这对于数码印花却有一些复杂，因为必须用化学制剂对面料进行预处理，以促进染料在面料上能够更好地固色。

目前，数码印花技术尚未得到广泛推广的原因是，较之非数码印花，它的速度相对缓慢。对于生产商而言，他们的投资重点需要从丝网印花转移到数码印花上来。但是，直到数码印花的速度比丝网印花更理想的时候，这种支出才是切实可行的。

# 地球

在一本关于纺织品印花图案设计的书里去提倡向一些产品上添加毫无功能性的图案是没有意义的。这仅仅能够帮助公司增加利润而并非是提供给我们一些真正需要的东西。采用一种对环境有危害并可能涉及人权侵害的生产方式，这似乎是弄巧成拙，然而却是从业者们所必须要面对的事实。新的设计师们逐渐增强了这方面的意识并努力去改善这些状况，但仍能感受到这一问题因涉及范围广和存在时间长而带来的巨大压力。长期以来，对于纺织品印花图案设计师来说，为了能够设计出优秀的作品而去了解印花过程很重要。当然，为了创作去了解工艺也变得越来越重要。相比他们的前辈来说，当今的印花图案对环境的影响较小。

**时尚正在吞食它自己。它已经变得与现实隔离，漠视我们时代的很多主要问题——如气候的改变、消费和贫穷。时尚仅仅关注商业大道和T台上的猫步女郎，它的产品不仅扩大了不平等、剥削、燃料资源的使用等问题，也加重了对环境的影响并产生大量浪费。**

——*凯特·福莱特（Kate Fletcher）*

## 亟须改变

时装和纺织工业对地球有很大的不利影响。宽泛地说，这可以分成三个互相关联的领域——生产和运输过程中存在的问题，薪酬低和工作条件恶劣，还有其他领域如工人们被迫承受权益侵害以及强大的营销手段鼓励过度消费和浪费等。正如建筑师阿道夫·卢斯（Adolf Loos）在他1908年的论文《装饰和犯罪》中所提出的：在产品上添加图案是浪费，因为它最终会导致产品过时。可见，他并非专指环境后果。然而，雇用纺织品印花图案设计师去创作肤浅的、没有增加任何功能的、仅仅是为实现一个所谓艺术创作而不是满足内在需求的图案，这必定会受到非议。

然而，印花图案是我们选来用以表达自己想法的一种基本方式，意识到这一点非常重要。我们穿在身上和装点家居的图案是有助于创造个性并形成文化的一个至关重要的部分。没有装饰的世界将会是一个沉闷、缺少欢乐的地方。同时，很多设计公司越来越意识到一个事实：产品没有必要去压榨人类和地球。享受我们的时光——这并不意味着必须摧毁未来后辈们的生存环境。

尽管很多大公司对环境问题都有些许关注，但多数都只是表面文章而已。好在有很多迹象表明，这种现象正在改变。即使有公司愿意去关注环境发展的可持续性，也多是出于对品牌身份的关注，而不是由衷的、真正对地球的担心。人们希望看到企业有承担企业责任的行动。表现在时装和纺织品领域，越来越多的企业正在旗帜鲜明地秉承环境可持续发展战略或者持以德为先的态度开创品牌。最重要的是，今天我们看到一些期望他们的雇主和客户要有对环境负责任的态度的年轻设计师和本行业赖以生存的顾客群把过去被边缘化的社会问题推向了行业发展的风口浪尖。

**讨论议题**
**环境污染与保护**

世界银行组织在2007年提倡使用转移印花方式来印刷合成材料，以及小批量的纺织品用数码印花的方法以减少印花过程对环境的影响。与圆网印花相比，这两种方式都可以节约材料。

你能想到的可大批量生产且对环境有益的其他方法是什么？

左图：

路易莎·赛文斯（Luisa Cevese）的独特手包是通过丝绸生产过程的副产品制作的，不然这些材料都会被浪费掉。

生产与环境

　　在服装和纺织品供应环节的任何阶段都不会对环境产生影响几乎是不可能的。过去经常被用于纺织天然面料的纤维是用化肥和农药培育长大的，而人造纤维则是采用不可再生资源且经过大量化学工艺处理生产而成的。把基础纤维或者石油化工产品转化为纺织品的过程需要消耗大量的能源。例如，印花需要大量的水，生产过程中还会产生大量的废染料和化工污染。据统计，多达20%的工业废水是由纺织品染料或者其他后处理工艺所排放的。种植棉花所需的农药占地球上所用农药总合的15%以上，远远高于其他单一农作物使用的农药量。印花面料的生产过程中会排放碳以及其他对环境有害的物质，并会耗费大量水资源。在这些步骤之间，还会涉及交通运输。根据世界健康组织统计，每年约有100万～500万的人农药中毒，其中约有2万人因此丧生。

　　印染纺织品生产加大了碳和其他有害物质的产生，也增加了水的消耗量。产品在每一个阶段之间被多次运输（在不同的大洲之间运输是经常发生的），轮船追随着零售商漂洋过海，燃料推动着整个流程的运转，这些都对环境产生很大的影响。直到产品到达客户层为止，一个生产商在这数千千米的过程中留下一条长长的"碳的足迹"。要想在这整个过程中得到精确的统计数据很困难，但是一些数据表明，服装行业中有三分之一的雇员是在物流部门工作。这些人以复杂的路线往来于原材料与客户之间，川流不息地在这个地球上移动。

顾客的角色

　　一旦产品到达顾客的手里，如果它必须要清洗（如服装），这必将会对环境产生深远的影响。在清洗过程中，被洗涤剂污染的水流回下水道，大多数的洗涤过程会伴随加热过程，还会增加碳的排放量。用干洗剂清洁面料也不会好到哪儿去——绝大多数的干洗店使用化工溶剂，将会对环境造成更严重的污染。

　　当顾客决定不再需要那个产品时（并非达到了使用寿命期限），他们并不会去循环利用或者设法物尽其用，而是将其扔掉以致最后成为废渣被填埋。相比实际的使用时间，可能要耗费极为漫长的时间才能分解这些产品。一些表面印花的产品相对容易循环利用，它们可用在大批量的纸质包装上面。然而，诸如脱墨（将印刷油墨从回收的纸上除掉）那样，即便是循环过程也会对环境有影响。据2006年美国能源部门研究，废弃的油墨多成为一种泥浆被当作垃圾填埋。其他面料，如棉，目前存在的问题更大，因为棉很难转化成另外一种产品。一些设计公司已着手研究对于该问题的创新解决方法。使用的方法越来越涉及向上循环：富瓦埃塔格（Freitag）把"帘布边货车"上的防水油布设计成书包，意大利设计师路易莎·赛文斯（Luisa Cevese）也以相同目的来使用一些来自当地丝绸制造公司浪费的丝绸。

左图：

印度安妮塔·阿华（Anita Ahuja）的"节约印度"（Conserve India）公司，以不可循环的购物袋作为原料创作出独一无二的包，该项目常被看作是错误对待环境的象征。

右页图：

荷兰设计师赫拉·容格里尔斯（Hella Jongerious）与联合国儿童基金会以及宜家家居合作设计了小尺寸工艺产品与大尺寸工业产品相结合的系列。该图案展现的是宜家的PS Pelle墙上装饰系列。

## 职业道德

娜欧米·克莱恩（Naomi Klein）在2000年出版的《拒绝名牌》一书引发了血汗工厂和恶劣工作条件应成为当下关注点的倡议。无需深刻地挖掘就很容易发现，服装和纺织品行业具有漫长的支付工人低廉工资并使其在非人的恶劣条件下超时工作的历史。为工人争取更好的待遇、让工厂相对可以忍受的运动被发动起来。一些组织如"净衣运动"（Clean Clothes Campaign）便致力于在全球服装行业中提高工人的工作条件。

越来越多的新公司在他们政策的核心部分出现了慈善的内容。这类例子包括"人树"（People Tree），这个公司依照公平贸易的原则办事，只要有可能的话就使用自然染料，提倡能源当地化与有机化，鼓励手工产品并且把资金投入到当地社区项目中。

## 争议地带

致力于可持续发展是一件困难的事情，原因之一是它包含了太多的因素。的确如此，如比起无机棉最好使用有机棉，而有机棉必须从地球的另一端海运过来。无机棉是伴随农药和化肥长大的，由于离本地很近，因此留下的碳的足迹较短。如果转基因棉花很少使用杀虫剂，那么使用它还是不好的主意吗？另一个争议的焦点是鼓励人们尽可能长时间地持续穿一件衣服是否正确，一些研究表明，重复洗涤（特别是生物清洁剂）对环境是有害的。

## 艰难的平衡

艰苦的工作条件和低薪资问题的责任很难去分摊。在使用印花图案的公司中，不生产自己的产品而是让承包商代替生产占很大比例。大公司通常是在合同中列出条款规定，尽力确保薪资和工作条件达到一个可接受的标准之上，但是小公司就没有资源去实施或者在政策上规定这些标准。即使这些条款已经规定到位，也还存在拥有工厂的生产商的车间被检查员或其他人发现那些他们尽力隐藏的、更差的环境条件。为了得到工作，一些承包商会采取不道德的方法确保他们的利润。这些问题对于区域发展机构和政府会更加复杂，如果承包商在自己的区域内能够保证厂商正常运作，政府会给公司提供丰厚的奖励，因为这样可以促进当地的经济发展。

### 一个现实的方法

在学习阶段应当志存高远，然而当面对寻找工作的现实问题时，把理想运用到实践中却是非常困难的。如果只能给你提供唯一的一份工作，但是公司涉及很多令人质疑的生产方法，你会拒绝这份工作吗？可以说，用一个经济的方法帮助一家公司达到更好的可持续性改变是有益的。设想你轻而易举地得到一份工作，并且在一夜之间神奇地改变了整体的商业运作模式，那是极其天真和荒诞的。但不管是出于无私的动机还是可以减少税收的诱因，工业界即将开始专注于可持续发展问题。所有的品牌都很关心顾客对他们品牌的感受。纵然这是利益使然，他们仍希望自己的公众形象在任何时候都是积极的、正面的。同时，很多企业也逐渐提高对环境的关注度。意识到可持续发展是多么复杂的问题，并能提出提高可持续发展的切实可行的方法将会提升你的就业能力。

现在，可持续发展是一个政治范畴，以严肃的方式去思考它越来越困难。可持续发展已经成为一种装饰。

—— 雷姆·库哈斯（Rem Koolhaas）

# 本章小结

　　本章的目的是对纺织品印花图案设计实践提供一个概述。能够概括你的工作，对你成为一名好的设计师是一个至关重要的部分。这既可以激发你去了解自己的专业，而且有助于你了解自己更适合哪部分工作以及适合这类工作的原因。作为一名专业的从业者，你要了解纺织品印花图案设计的历史，因为在工作中你有可能接触到几百年前的图案。如果你正准备就业，在尚无经验的时候了解你可能要从事的工作内容显然非常重要。纺织品印花图案设计目前处在一个不断变化的技术框架里，它变得越来越数字化。这也没什么好怕的，如果你准备好去学习怎样利用它，这应该是令人兴奋且极具挑战性的，而不应该是不知所措的。如果我们没有一个待人公平且受人尊敬的环境，那一切都没有意义；设计师是确保行业公平和可持续发展的重要一环。

# 思考题

1. 历史是如何影响当代纺织品印花图案设计的?
2. 在历史的进程中，科技是如何影响纺织品印花图案设计的?
3. 一位纺织品印花图案设计师可能在哪个部门工作?
4. 纺织品印花图案设计师可能和另外哪种行业的人员合作?
5. 数码科技为纺织品印花图案设计带来哪些改变?
6. 纺织品印花图案设计师如何才能提供一套可持续发展的、有道德、有责任感的设计方法?

# 制定工作简报

设计师们经常会面对这样一些实际问题：如何使自己设计的沙发具有华丽的巴洛克风格？怎样才能提升T恤的销售业绩？我们可以在哪儿为自己设计的家居用品找到更合适的装饰图案？设计师会通过这些实际问题和具体要求去设计图案和细节。

当面对这些实际问题时，设计师需要首先拟定工作简报。例如，当客户要求你用两种颜色设计一个小尺寸的图案时，即便你的构思再巧妙，运用多余的色彩和过大的规格都不能让你的客户满意。关键在于你要了解客户的需求，明确他的意图，然后将你的好创意按照他的要求去具体实施。

专业的从业者必须具备这种拟定工作简报的能力。也唯有如此，才可以使最终的产品在满足客户要求的同时还能体现设计师独特的创意、巧妙的构思和明确的设计风格。

本章的主要内容是告诉设计师：在开始一项纺织品印花图案设计之前拟定工作简报的原则。这就要求专业的从业者在进行图案、色彩等方面设计时一定要满足客户的要求。

# 工作简报

一份成功的工作简报要包含所有的纺织品印花图案设计基本技术，并能为许多专业的设计师提供工作周期中的规划。有两条简单易行且行之有效的方法可以助你顺利完成任务：首先，在开始设计工作前务必明确工作简报是为何提出，提出的具体要求是什么。如果是你自己起草的，则需要确定最终要达到的效果。第二，是你应该回答以上的问题。这听起来似乎非常简单明了，但其实还是有一定难度的。本章将围绕着工作简报是什么以及若干应对的策略进行具体分析。

在通常的情况下，设计师往往会按照其他人的要求而拟定工作简报（至少是部分内容）。从专业的角度来说，这就意味着项目的雇主、代理人或客户会更多地干预，其结果将会有更多变数。设计师在项目的诠释上应该有更多自由或应给予适当的自由支配空间。工作简报可能是极为繁琐的，含有来自顾客的灵感效果图和设计师期望最终设计成系列的口头讨论内容。

## 生产简报

在很多情况下，生产厂家会有自己的工作简报。但作为自由设计师，则需要一开始就确立自己的（而不是与代理机构合作的）工作流程和细节。职位较高、经验丰富的印花图案设计师对于每个项目都要承担更多的责任，其中包含设计的版权等问题。有些雇员（特别是一些下层职员，或者是那些在他们的能力范围内生产较少的生产者）可能希望首席设计师能为他们分担更多责任，如提供流行趋势预测和产品设计图等。作为设计院校的学生，你在课程结束后应该可以自己编写一些设计项目。因为在今后的职业生涯中，你面对的不仅仅是印花图案设计。因此，在阅读本书的过程中，你应该同时思考怎样能在更多领域去实现你的设计构思，拓展你的设计技巧。

### 工作简报的内容

工作简报是给生产商设计结果的指导，包括丰富的信息和详细的细节以及少量口头指令。如果是后者，设计师还需要花费一些时间来完善指导创意过程的计划。通常来说，工作简报里都会包含大量的因素，有些可能会重复，而有些却可能不够明确。具体来说，你对下列每一点要求都应做到心中有数。

**上图：**

这个壁纸设计的工作简报宗旨是创建一个大尺寸的图案，并将单色印在一个灰色的背景上。

### 宗旨

工作简报的宗旨是指大致的设计目的，如设计一套墙纸花样或者一系列泳装的印花图案。

### 目标

目标比宗旨要更为明确，它包括更为详细的设计要求。例如，生产的这些设计产品是否符合本季度的设计要求。在实际生产中，宗旨和目标往往会混为一谈。

### 主题或灵感

主题和灵感往往取决于图案的外观。设计师则要综合诸多文本和图像的信息去构建一个视觉的框架。在这部分内容中一般都要阐释颜色的含义。

### 指导方针

在拟定工作简报时，设计师需要考虑很多实际的问题，包括：市场信息、产品或用户终端（如面料细节）、印刷技术、成品规格和颜色等。

### 成本核算

工作简报需制定预算，并且要考虑到一些特别的生产成本。如果是自由设计师，即便这些会清楚地反映出你在这个项目中所花费的时间和取得的成果，但你在协商酬金时仍然要保持头脑清醒。

### 截止期限

这是指项目最终完成的时间，也是工作简报中最后一个要点。当然，也许在项目进行中会重新商榷截止期限。

### 最终结果

最终结果是指项目结束时所能达到的设计师的预想，如印花的具体数量、规定样式的细节等。这些常常与产品的图案、花型以及产品的表面特性密切相关。

对待任何工作简报的黄金定律都应极为简单——执行。假如你只从本书中采纳一条建议，那么请记住这个——执行工作简报。

### 客户简报

在很多情况下，设计师工作时都会制作一份简报或计划书。下面的例子便是客户工作简报，一种你从未写过的东西。作为一名学生，你的客户就是你的大学或学院。导师已经制定好工作简报（或者要求你自己去撰写），你的实施效果决定你的分数。但无论这份工作简报多么简单或简短，若要做好设计工作，以下的几个重要步骤值得思考。

#### 倾听

首先，你要十分仔细地倾听来自于客户或者不管是哪位设定项目人员的要求，这是最为重要的一点。如果你是用书面方式记录要点，那么在工作简报完成后需要与客户进行详细审核，以确保双方意愿达成一致。当你是通过口头讨论的方式去拟定工作简报时，则要在讨论时多做记录，并且在讨论即将结束时确认具体细节是否理解有误。然后，以讨论过的、能确保设计过程进展良好的简短纲要为指导继续完成工作简报。如果你在与客户讨论时有些地方不甚明了，一定要立刻询问清楚，切忌不要因为怕对方觉得自己不够专业而对疑问含糊其辞。最后，这份工作简报还要求你对原创性及创新性承担责任。即便如此，你也必须完成，因为这对你今后的职业生涯来说是一个非常好的挑战。

#### 规划

合理规划时间是在讨论后要做的工作。而往往在讨论中，你已经对项目的截止日期、中期审查和其他一些细节因素掌握得相当清楚。这时，大多数设计师会倒计时工作进度，以便周密计划在某个时间点上需要做什么。当然，这其中还要包括工作结束后进行工作总结的时间。经验越多，你就会越清楚每个设计过程需要花费多长时间，并将计划做得越完善。实际工作中，一旦需要依靠其他人员或者项目本身涉及其他工艺，就总会不可避免地产生一些差错。这时就要求你提前有所准备，并在制订计划时将这些因素考虑进去，从而避免因为这些小意外而导致后期时间过于紧张。然而，在项目开始时，如果你认为这个工作量是不存在的并能客观解释原因，那么到了项目的截止日期，你会发现没有太多需要去设计的工作。若能如此，自然是最好不过的了。

一旦项目开始进行，你要随时检阅工作简报，了解项目进度，从而清楚掌握产品最终的生产结果。当然，如果能将工作简报打印出来钉在你日常工作的书桌前以便每天查看就更好了。

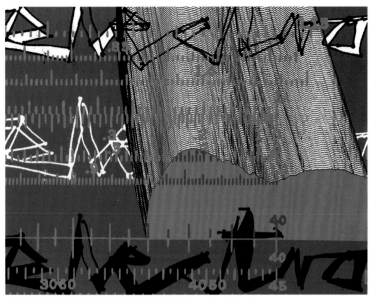

左上图:
图为男士T恤图案设计工作简报中的草图。

右上图:
草图被扫描并被用作最终图案的一个部分。

### 处理问题和变故

你要做好处理许多关于工作的负面反馈或者工作简报需要修改的准备。最为常见的问题之一便是自由设计师（无论是哪个领域的）对客户的抱怨。这些抱怨往往围绕设计师不清楚客户究竟要什么、需要做哪些改变或是他们在短时间内需求太多等。因此，一定要与客户经常沟通，并能随时展开更为专业的讨论。此外，在处理这些问题和准备改变计划之前一定要让客户明白：对既定任务的任何改变都会对工作时间、结果和费用产生很大影响。

### 保持专注

虽然你可能试图按照你期望的方式去制作工作简报，但需要注意的是你所列条目的重要性而不是条目的数量。面对具体情况，你需要的是对最重要的事情保持专注而非忙于解决其他次要的问题。当最后期限临近时，你往往不希望增加工作量。那么，你就应该尽快选择最好的解决办法去解决问题。因此在专业讨论中，有关工作过程的论述不用过于详细。在做有关实际设计方案变更的临时报告时则更要明白：客户是想知道你制订的具体计划是什么，而不是去了解你如何通过研究制定工作简报的过程。以上便是学生和专业实践者之间的区别。

### 自己制定工作简报

有许多设计师会自己制定工作简报，他们往往也会承担其中大部分的工作。例如，一些资历较高并有一定工作经验的设计师会在自己的内部工作室完成某一季度印花图案的趋势报告；而一些自由设计师则会把一些系列设计展示给未来的买家，那些买家可以从图案的工艺上判断是否适合自己。虽然这些过程可能并没有一些明确的工作简报，但你必须清楚这些过程（特别是在面对客户的情况下）。因此，每位从业者都必须要有自己制定工作简报的能力，同时要知道从哪里开始着手去寻求灵感和研究项目，并清楚在哪里收尾。

特别是当你初次设计时，写一份切实可行的工作简报大有裨益。你可以按照第47页列举的工作简报的具体内容将细节都清楚列明。另外一个关键点是研究其他一些设计师应对类似工作简报的例子。当然，这并非是照搬别人的图案形状作为你的灵感，而是给你一个制定对策的启发。在你没有太多工作经验的情况下去设计产品时，这个方法尤其有效。

在研究和完善工作简报、设计流行趋势（流行趋势的制定过程可以参考第93页）方面有许多能力不相上下的高手。然而，终究只有你是唯一最了解自己工作简报的人。将自己打算做什么写下来会有助于你明确各阶段需要做什么的具体思路。与此同时，这也有助于你专注自己的工作，还可以促使各项工作得以按部就班地顺利开展。

**学生提纲**

如果你是纺织品设计专业的学生，那么，你所学的课程即便不是全部那也是绝大多数都会围绕不同类型的工作简报而展开。通常情况下，课程开始阶段要求撰写的工作简报多十分具体明确，而随着课程的推进会要求简报变得更加深入，你的实践导向将从必要的技巧训练转变为承担更多的行业责任。

显然，你在完成学生课题时所表现出的专业水平会被作为评估的内容。这种评估都会参照你在项目中进行的研究、开发和最终设计来判断你的专业成绩和一些其他方面的能力。因此，一定要确保自己以专业的方式执行了工作简报，同时还应了解这些评价标准是什么，从而确定你的工作已经达到了这一标准。

通常来说，你在学校制定的工作简报会比行业内的简报持续更长的时间。这尤其体现在很多学生同时参与的期末重大课题之中，类似课题往往会持续一个学期。对学生来说，有机会在一个学期持续深入一项研究是一件非常美妙的事情，同时为你提供了一个真正提升设计实践能力的机会。因此，为了能在紧张的学习生活中获得更多工作经验，你就要考虑是去参加设计比赛还是去选择一两个短期课题进行研究。如果是选择一个短期课题，你可以从工作的其他角度获取灵感来设计一系列小型印花图案或者创造一个完全与众不同的产品。以上这两种情况都对你在求职期间增加薪酬大有益处。

**上图：**

图为自由设计师鲁西·奥布莱尔（Lucy O'Brien）在获得学位前最后一学年的课题，她是通过数字技术完成的印花设计。

**作者贴士**

**执行工作简报的十个要点**

1. 确保你完全了解工作简报内容，否则，要立刻提问。
2. 每天阅读工作简报并确保能坚持这样做。
3. 能辨别出一个创意是好的而且是合适的；若仅仅是好的，那还不够。
4. 不要指望灵感会突然蹦出来，而是要行动起来去发现它。
5. 切实地计划好你的时间，要清晰地知道在截止日期之前你应该做什么。
6. 不要担心你的初步创意垃圾，锲而不舍，必将臻于完美。
7. 为生产或终端客户设计印花图案时，请仔细考虑"这意味着什么"。
8. 从其他设计师所做的类似项目中找到一些可供参考的线索。
9. 懂得应该舍弃什么或许要比懂得采纳什么更难，也更重要。
10. 陈述是非常重要的。

# 开始工作

**上图:**

如上图一样绘制"构思地图"非常有助于开发创意,同时还能帮助你确定工作入手的方向。

**右页图:**

灵感图板不仅可以帮助你更准确地捕捉设计初始时的要点,还可以整合不同素材,为进一步的开发阶段做准备。

没有任何两位设计师的工作方式是完全相同的。从业者在完成最终设计前一般要经历如下三个阶段:首先是研究和收集信息阶段。你需要研究和收集大量材料并整理工作简报所需的资料。其次是开发阶段,这是一个必不可少的过程。此时,你需要将实验与研究的材料相结合以确定需要继续哪些工作。最后,要从开发工作中提炼出最终的设计,确定对项目最为有用的方案。以上三点是教学中常用的方法,而在实际操作中,设计师往往会采用更适合自己的工作方式去改进这一过程。因此,以上三个阶段之间的界限也逐渐淡化。例如,有时候研究工作会一直持续到项目结束,而从表面看来,开发阶段则耗时较少。

为了找到最适合自己的工作方法,你需要仔细学习并深入了解以上的三个阶段。本节会详细介绍开始入手的研究工作和开发工作,而最终的设计过程将会放在下一章节进行探讨,详见第68～77页。

## 什么是研究?

简而言之,所谓研究,就是指将你所需的材料尽可能地收集到一起,以便能够更好地完成工作简报。对于一项典型的纺织品印花图案设计项目来说,研究是综合考虑一些完全不同的因素。

*内容:*

研究的内容往往与你所进行项目的视觉信息有关。这些信息可能来自于项目的特定主题,如花卉或几何图案。那么在研究阶段,你可以去搜集一些生动的花卉照片或是速写现成的花卉图案作为素材。而研究过程的关键是多收集资料,并从它们入手开始创作。因此,光是收集灵感还不够,同时还要学会从中提炼所需的素材。

研究的内容也可能更概念化——简报中可能提到特定主题或氛围的表达(如表现工业风格或是田园风格),或是关注其自身品牌特性的强化。

*媒介*

这是在创作图案时采用的技术或材料,它们反过来受到印制图案方法的影响。媒介有可能是传统的绘画技巧,也可能是采用某种计算机软件完成的数字化工作,还可能是两者的结合。研究过程还应包括对新技术的学习和应用,这往往会花费很多时间。但这些过程都会与下一步的开发工作甚至最终设计的雏形密切相关。

### 背景

背景本质上是保证图案符合设计目的的要求。正如对目标客户产生吸引力一样，它将使印花图案适合于终端用户的功能需求。这时你应该多进行市场调研，看看竞争对手在做什么，或为目标客户建立档案。也就是说，从项目一开始你就要去思考图案最终的应用功能。

### 风格

风格贯穿于整个研究工作的全过程——它往往与项目的内容、媒介和背景密不可分。但对于设计师来说，一定要提炼出风格元素。例如，客户希望他的花卉图案充满"新艺术运动"风格或者是20世纪60年代的感觉。那么在设计时，你就一定要对这种风格有深入的了解，以确保使用的意象具有当时的风格元素和色彩表现的重要特征。

### 一手资料的研究和二手资料的研究

在学术界，研究方法大致可以分为一手资料和二手资料两种。一手资料的研究是指通过自己亲自收集资料，然后从中提取所需元素的研究。例如，当你自己拍摄或者按自己的方式绘制一束花的时候，这种便可看作一手资料研究。关键在于你可以通过自己的观察与理解去对这些直观的要素进行思考，从而找到自己需要的素材。

二手资料的研究多是指你需要知道其他人做了什么。例如，你可以去进行市场调查或者了解当下的流行趋势。二手资料的研究目的在于确保你的工作能与外面的世界保持同步，通过研究你可以更明白如何使工作与最终的用途相一致。

**……一个开头、一个中间、一个结尾，但顺序未必一定如此。**

——弗朗索瓦·特吕弗（Francois Truffaut）

**右图以及右页图：**

将你的想法有意或随意地通过概念图或者涂鸦的方式记录下来，这可以使你的思路更清晰。

## 做研究

研究工作要有一定的方法。你的关注点要尽可能与众不同或研究得更为深入。但也要注意，不要在那些与主题不太相关的地方花费太多精力。当然，这一点往往事后才会注意到，且许多有经验的设计师也会在工作中花费很多时间去做那些最终用不上的研究。实际上，设计过程中最难的地方在于你能否发现哪些地方没考虑到。尤其是当你已经将大量时间投入到特定的研究中后，而那些没有被考虑到的部分再处理起来就会变得相当棘手。因此，为了提高研究的能力，尽量详细地去记录你的工作过程，最好在每个项目结束后花一些时间对这些记录或图画进行回顾。这样你也许会发现，有些生动的速写比你拍的照片更有用。例如，一些时装发布的视频会比杂志图片更加生动和直观。因此，任何有意义的研究都可能对最后的结果产生积极的影响。

此外，你要明确项目的要点而不是始终把精力扑在大部分工作上。虽然这样说有点令人难以理解，但你要明白在研究的前期并不需要完成最终设计，你也不必去过多考虑绘画方式或者怎么处理其他的一些视觉要素。最关键的是，你要明白哪些视觉要素更能吸引消费者注意。例如，当观看一张图片时，你应该能看出色彩搭配的比例在其中所起到的作用。

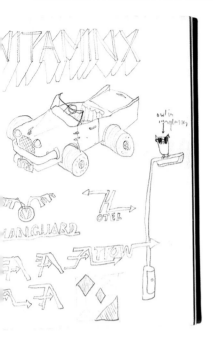

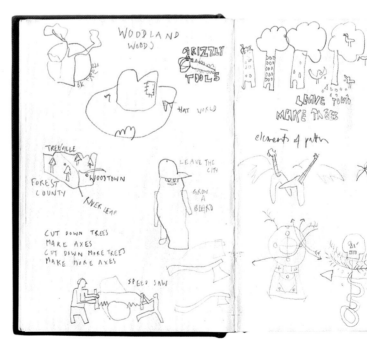

**右图:**

从生活中获取美的元素是研究的首选形式，也是设计过程中的必要步骤。

### 绘图与绘画

传统上，绘图是视觉研究过程的核心。绘图（或绘画）在研究中常以提出视觉问题的方式出现。在画一些图像时，你可以在绘制过程中去观察它的大小、轮廓等各种要素，并且还要通过自己的大脑和所用的工作媒介去过滤它们。你可以尝试着在物体的一些特征（如色彩、构成形式等方面）上发现一些独特的东西，或者尝试去将一些概念视觉化（也就是抽象图形）。

将所观察的事物或者脑海中的理念与绘画建立联系至关重要。假如你不喜欢这种方法，那就应该设法去改进它。任何项目的第一步都并非是要立刻创造出完美的图案，而是要能尽快确立视觉研究的方向。

虽然每位设计师都可以绘图，但因为实践和工作时间的长短不同，于是绘画技巧的掌握也有高低之分。你会发现，绘画技巧纯熟的人表达思维概念时更轻松。因此，你需要有足够的耐心，并愿意在绘画上花费更多的时间，唯有如此，才能提高技术。随着时间的累积，绘画技能一定会有所提升。因此，如果想成为一名优秀的印花图案设计师，那么只有掌握一定的绘画技能才能让你在视觉研究方面的能力获得提升，这一点非常关键。

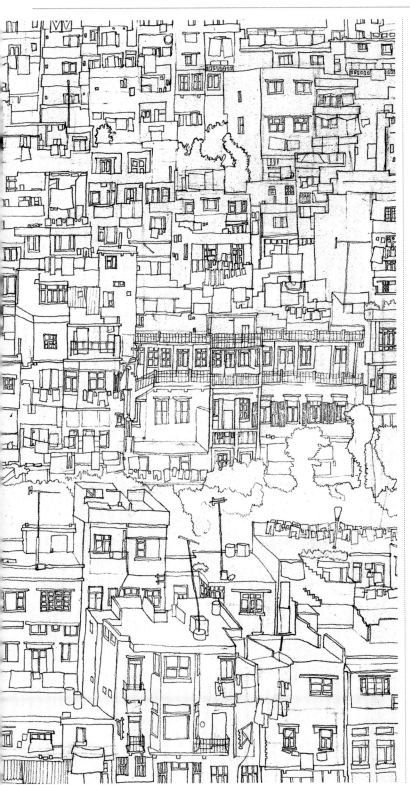

　　我觉得，绘画本身并不重要，重要的是我可以通过绘画把自己想做的样子做出来，把想说的表达出来而已。

——吉姆·戴恩（Jim Dine）

### 绘画和绘图与数字媒体

　　数字技术在多个方面为绘画和绘图提供了更多的可能性。我们可以将传统的手绘图案扫描进计算机，然后重新编辑或处理。另外，还可以用软件直接绘制数字图形。许多设计师都坚信，使用图形输入板可以显著提高工作效率。

　　在研究过程中要好好去体会"绘画"的另一层含义——提取灵感素材。不论是使用什么媒介，你在进行绘画创作的时候，其实都是一个把想法和材料转化成视觉信息的过程。

### 摄影

摄影对纺织品印花图案设计师来说是一种非常有帮助的研究方式。当某些事物不易于直接描绘时，摄影却可以做到随时随地地轻松记录。

数字技术为纺织品印花图案设计师利用摄影方式进行辅助创作提供了更多的途径。数字技术与其他媒介的分界线变得越来越模糊，甚至已不复存在。数码印花较之传统的印花技术可将照片的效果更容易地印到面料上。当然，设计师自己拍摄的照片相比借用的图像可以更方便地用于工作中。

记住以下几点，这将会有助于你更好地利用照片。每次拍摄时，尽量选择高分辨率、大尺寸的方式来拍摄，这样当你需要将照片放大时能得到更清晰的图片效果。拍摄时要多加注意取景的范围，考量好所需的内容后，则尽可能地接近拍摄物拍照，以得到所需要的细节。尽量准备好备份电池和备用的存储卡，以避免在拍摄过程中发生电池耗尽或没有存储空间的事情。养成随时整理照片的好习惯。因为数码照片很容易获得，所以素材的数量会变得越来越庞大，这时就需要你将照片传入计算机后，再将其分门别类放入不同的文件夹进行整理。最后，整体浏览所有图片，确定你整理得是否重点突出，以便于在需要的时候能很容易找到。

### 印刷品

虽然在互联网丰富信息的冲击下，书籍和杂志的地位曾经在视觉研究过程中变得没有以前那么重要，但对许多纺织品印花图案设计师来说，它们仍是一种很关键的工作媒介。收集这些素材的方法有两种：其一是将所需的图书、杂志、图片放到一起，建立一个"基础图书库"。当然，这些收集的素材也许对从业者有用，也许不会发挥太大作用。第二种方法是针对具体的工作简报，寻找灵感所需的特定素材。这可能需要设计师自己收集，或者通过看新闻、逛书店、逛图书馆等方式去寻找一些明确的信息。

与整理照片相同，这些印刷品在收集时也需要编目整理。并没有什么特别的整理方法，甚至你可以在鞋盒上写上"花卉"的标签，里面装满花卉类的图片。

近年来，关于当代纺织品设计的书越来越多，其中一些涉及设计灵感和市场意识的书籍，我在本书第195页中列出了相关参考书目。此外，设计师还应该广泛涉猎其他与纺织品相关或者非纺织品专业的视觉艺术书籍。

若需要用一些寻找到的图片（或文本）去向其他人阐释你的工作内容，请一定要恪守信誉。为避免触犯版权法，这些图片最好不要直接体现在你最终的图案作品中。

### 互联网

　　互联网是一种非常奇妙的研究工具，但也是一种需要谨慎对待的工具。在面对着庞大的互联网信息时，人们很容易沉浸其中而迷失目标。因此上网时，可以有意识地将你觉得特别有用的网址保存在收藏夹中（存为"喜欢的"或"书签"），还应该把你觉得可以作为灵感启发的图片存入计算机。与使用印刷品中的图案一样（上文所述），要注意图片版权问题。如果要将从互联网上下载的图片拿出示人时，应确保图片可用，而在最终的设计里则最好不用。

　　与印刷品相比，计算机显示器或其他的电子屏的分辨率一般都较低，许多图像在屏幕上看起来效果较好，但却经不起放大处理。

### 速写本，工作表和硬盘

　　无论做哪方面的研究，也无论使用什么样的媒体或技术，你都应该应付自如。作为学生，你课程中的所有研究都会作为评定成绩的作业上交给老师。而对于专业设计师，可能很少会把自己的研究报告给其他人过目，大家各自采用自己觉得最有效的研究方法进行设计工作。有些人喜欢用速写本工作，而有些人则钟爱工作表。有些设计师习惯对着显示屏处理图像，而有些设计师则喜欢把图像打印出来再进一步修改。因此，你可以尝试多种方式，然后选择其中最适合自己的一套办法。

　　如果你是用计算机工作，则可以用文件夹和文件名去帮助自己更加条理化。为文件夹取一个能反映其内容的名字是很容易的事情，但当你在将来查找它的时候却可以节省大量的时间。

## 专业开发

　　学生课题与专业项目之间最大的区别是面对产品开发的不同态度。作为院校的学生，往往更强调一种可见的工作过程。因为课题通常会作为衡量教学质量的标准，因此要求工作过程清晰。这是一件好事情，因为设计开发过程越开放就越会促进和鼓励同学们真正做到深度探索。

　　然而，专业客户的态度则可能截然不同。客户更关心最终产品的样子和产品是否符合要求，他们往往并不关心制作的过程。这并非说设计师的工作方法不再重要。恰恰相反——若想以设计为业，拥有良好的开发技巧是至关重要的。

## 开发过程

　　开发过程是"研究过程"与"最终设计"之间的基础桥梁。在收集完所需的视觉信息后，就可以开始将不同图像的元素进行合并，或通过新技术去重组图形要素。印花图案的终端产品在此阶段已可见雏形，设计师在一个项目上卓有成效地开展工作时将这些步骤牢记心间是非常重要的。

　　实际上，这个过程意味着将一些准备印制的产品图案或草图与图案载体相结合去测试初步构想是否可行。如果你不知道产品是什么，可以将你的构思应用在几个假设的物品上，这将会对你的设计过程大有帮助。

**上图：**

弗兰斯·维索尔伦（Frans Verschuren）和帕特里克·莫里亚蒂（Patrick Moriarty）从一开始便意识到要用数码印花技术。上图是他们在阿姆斯特丹工作室（Amsterstampa）为莫库玛尼亚（Mokummania）系列所印制的围巾。

**视觉反应的重要性**

开发过程中的关键问题之一是，给你自己多一些视觉选择。不要总是把自己的想法停留在脑海中——让自己经常多看一些视觉元素，并利用这个步骤去尝试不同的设计方法。鉴于时间的限制，力争给自己尽可能多的选择，不要害怕尝试或冒险。

开发过程还需要考虑图案印刷的方式，以及是否需要在开始时便对印刷色彩的类型、色域和和色彩数量限制应用。如果图案需要重复，那么就可以按照构思好的结构去排列图案，不必迟疑。所有在工作简报中被确定的事情都需要制定成一个工作框架；其他的则可以自由发挥。

**作者贴士**
**随时记录灵感**

好的点子并不是你一开始工作就能迸发出来的。有时，你可能会在做其他与工作无关的事情时突然就想到了一个好创意。每当此时，你一定希望自己不要错过稍纵即逝的灵感，但却很容易把它忘掉。因此，你最好随身携带或者在工作台上常备一本记事本，以用于随时记录这乍现的灵感。

这样做的好处还在于，即便想法和实际操作间相隔一段时间，你仍可以通过记录找到当时的那些感悟，甚至会有更好的主意。我们总觉得好想法是自然产生的，但事后看来，灵感的涌现也有着一些客观因素的影响。

# 色彩

在纺织品印花图案设计行业有句老话：成功的色彩方案可以让设计一般的产品卖出去，而失败的色彩方案却能使好的设计无人问津。但是，也不应该把颜色和产品设计过程截然分开，在某一季不适合的色彩在另一季却可能是成功的。上述说法千真万确。在大多数情况下，大脑对色彩的反应是非常迅速的。色彩是纺织品印花图案设计中唯一最重要的因素。

色板是用在一套图案中的特定色彩系列。一般来说，一个系列中的图案将会用到同一个色板中的色彩，但并非每个图案都要用到色板中所有的色彩。

即便在项目开始时没有设定具体的色板，但工作简报中一般都会设定所需要的色彩感觉或者色彩气氛。在工业生产中，客户们对产品注册的首要项目之一就是产品的颜色。

## 色板

色板是指一组图案中搭配使用的色彩。这些颜色有可能在图案的形成过程中被设计出来，而在多数情况下则会被作为原始设计主题中的一部分。色彩在帮助设计师表达特定的主题和概念过程中扮演了极为重要的角色。精心设计的色板还能成功地唤起设计师所需要的情感，是创作过程中的主要步骤。因此，许多纺织品印花图案设计师会将色板设计作为诸多工作的起点。

---

**作者贴士**
**色彩收集**

如同你收集图像一样，你可以收集那些激发你灵感的色彩，然后建立一个色彩库。色彩库的形式多种多样，只需将你认为会对今后设计有启发的图片收集到一起即可。

扩大搜寻颜色的范围，不论是抢眼的或是低调的颜色都可以纳入色彩库之中。尽量避免按照自己的喜好去选择颜色。作为一名专业设计工作者，你需要在工作中使用更广泛的色彩，包括那些可能从不为自己所喜爱的颜色。

试着从一些图画中裁切出各种色块（或色条）构成一个色板，或者当有灵感闪现时将图片中的色彩做成简单的、大小相同的条纹以用作将来设计的关键色。

---

色板在保持系列图案的统一性上发挥着举足轻重的作用。在一个系列内不论图案的内容有多大的差异，只要它们使用同一范围的颜色就会始终保持搭配和谐。

在为特定季节设计图案时，色板同样扮演着非常重要的角色。典型的如春夏季图案色彩，一般都会比秋冬季色彩更为轻柔、明亮。特定的产品或特定的市场也会要求有特定范围的色彩与之匹配。以泳装为例，一般倾向使用亮色。需要特别指出的是，进行图案设计时也经常有打破这些原则的特例。

| 16-1357TC | 19-5513TC | 18-0840TC | 11-0205TC | 16-4728TC |
|---|---|---|---|---|
| Orange Paradiso | Forest Night | Rich Earth | Natural White | Heavenly Blue |
| 18-2143TC | 12-07409TC | 13-0650TC | 19-4241TC | 14-0852TC |
| Electric Fuschia | Faded Yellow | Hot Lime | Midnight Secret | Golden Oriole |
| 14-6340TC | 11-0601TC | 14-2808TC | 12-5209TC | 12-5209TC |
| Ultra Mint | Pure White | Hydrangea Base | Summer Haze | Washed Lavender |

## 色彩与比例

　　对于图案而言，并非只有色彩本身是最关键的，理解这点很重要。每种颜色的量也起到核心的作用。例如，一套色板应该是各种色彩的综合运用，有柔和的、刺激的、明亮的等。如果明亮的色彩所占比例较多，那么最终图案就一定与由柔和色彩为主所形成的图案效果截然不同。有些颜色在色板中所占比例较少——如一些闪光的或高纯度的颜色，一般称之为强调色。

　　与此相关的是图案中底色的作用。一般情况下，图案会被印到白色（或灰白色）的背景上。然而，有些图案也会被印在一些彩色背景上。理想的做法是，在进行图案设计的同时就应该显示出这个效果。换句话说，假如你是用数码技术设计图案，而且打算把图案印制到黑色的背景上，理想的做法是，你在设计过程开始之前就预先把背景填充为黑色。

## 色彩与印刷

　　在数码印花技术产生前，几乎每种印染技术每次都只能印一个色版。例如，三色丝网印花需要三个丝网版，四色雕版印需要四块雕版。这就意味着，每增加一种颜色就有可能增加大量成本。此外，多色图案需要大量的染料，并且需要花更长的时间去分色，还需要更多的色版，同时也增加了排版对位的难度。当然，这并非说印花图案不能使用多种色彩，而是指在制定工作简报时可以将具体所需颜色的数量确定下来。这将有助于设计过程的开展。例如，如果你在进行设计之前便清楚地知道需要两种颜色，那么你就不必再耗费过多时间、精力去为设计一幅视觉效果柔和的图案做更多努力。

**右页图：**

图片的颜色看似简单，但其实是一款色彩混合方式复杂的图案，需要12块色版才能完成。

## 节省印花用色

在很多情况下，把面料或其他承印物表面的底色当作图案的颜色之一是可行的。例如，你所设计的三色印花图案需要红、白、黑三种颜色，若印花的面料本身为白色，那么白色部分是不需要印刷的。换句话说，这意味着这幅三色图案在实际操作中只需用到两种色版。

由于数字印花技术采用的是一种不同的方式（数字印花技术见第173页说明），因此限制色彩数量已无必要。即便数字印花技术对传统印花技术的要求有了局部的改进，但色彩数量的取舍仍然是印花设计过程中的重要核心（且是可以形成氛围或外观的有效方法），以至于该方法被沿用为一种图案设计的重要元素。

## 用色的一致

色彩匹配一直是纺织品印花图案设计中很难处理的一个方面，要确保最终在面料上所印的色彩与初始效果图中设计的色彩一致需要大量的技巧。色度计的开发利用为基础测色提供了可能性。它主要是通过模拟人眼观察颜色的方法去测量色彩。红色、绿色和蓝色这三个颜色的样本被分别放入三个仪器中。最初，色度计的开发是应用在酿造业，它可以测量啤酒的颜色，并能很好地统一不同批次、同一配方啤酒的成色。后来，这种测色技术被工业染色和打印领域所采用，并且逐步研发出更精密、更复杂的数码设备。

## 数字色彩匹配

虽然数字技术可以解决一部分色彩问题，但同时也会产生新的问题。其中最常遇到的便是不同显示器所看到的颜色会有所偏差。例如，你在自己的计算机上设计好图案，然后通过电子邮件传给某人后发现，在对方的显示器中所见的颜色与之前不同——所有的颜色可能会变亮或变暖。细微的色彩变化都会使图案效果产生明显差异。虽然也可以通过购买标准显示器来确保色彩显示一致，但价格昂贵。若将图案打印出来，那问题可能更严重。许多人都有过这样的经验：打印的色彩与屏幕显示色彩看上去差异很大。设计师需要找到一种方式来确保所设计的颜色与客户需要的色彩是一致的。此外，当设计品被印制出来，制造商也一定要清楚具体的色彩要求。

## 色彩参照系统

围绕上述问题而采用的标准方法是一种色彩参照系统，如潘通色卡或斯高蒂色卡（SCOTDIC）。这类色卡会有非常准确的色彩库，每个色彩都有自己的色标和色号。如果设计师、客户和印染部门都使用这类系统，这就可以确保在工作中使用的颜色不会发生改变。例如，客户希望在服饰和家居系列中使用淡绿色，那么他便可以指定潘通色卡中13-0650TC号色为他所期望的绿色。设计师和工厂可以通过对照潘通色卡找到这种颜色，借以确保设计和生产中所应用的色彩一致。虽然色卡不能解决显示器上显示色彩是否一致的问题，但它可以让每个工作者都知道该设计需要的具体色彩是怎样的。

**右图：**

　　如果近距离观察右图，你可以看出，该图是由青色、黄色、品红色和黑色的墨点印制而成。

## 色彩理论

　　对于纺织品印花图案设计师而言，了解几个与色彩理论相关的关键问题会非常有帮助，特别是当你需要对别人口头解释如何改变一个色彩或将两种颜色进行比较时。

### 色相

　　色相是颜色在光谱中居于某位置的尺度。例如，橙色、红色、紫色等都是对色相的表达。

### 明度

　　明度是指色彩的明或暗的程度。白色的明度最高，而黑色的明度最低；黄色比群青的明度要高。色相中明度偏高的常被称为亮色调（Tints），而那些明度较低的颜色常被称为暗色调（Shades）。

### 饱和度

　　饱和度是指色相的鲜艳程度。青色（Cyan）的饱和度比较高，而灰色的饱和度则非常低。

　　另外一种色彩理论会有助于我们了解色彩在打印输出后与在显示器上看起来不同的原因。

## 加法混合

　　颜色的呈现有两种方式。其中之一称为加法混合原理。这种色彩的产生来自光源——如自然界中的太阳光或者移动通信设备屏幕所发出的光。因为这些光是从某个物体发出的，因此也被称为发射色。混合的色光越多，其结果就越明亮，白光就是混合了全部有色光后的结果。显示器屏幕上的颜色是由极小的红色、绿色和蓝色光源合成的，一般称为RGB色彩。如果这三个颜色集中在一个特定区域就会产生白色。如果混合一定比例的红光和绿光会生成黄色光，而红色和蓝色会生成品红色，绿色和蓝色则产生青色。

**左图：**

这就是使用数码印花技术制作的没有色彩数量限制的图案。

## 减法混合

颜色也可以通过减法混合的方法得到。这意味着只能通过反射光看到色彩。你此刻正在阅读的文字便是减色原理作用的结果。从太阳或灯泡发出的光投射到你正在阅读的纸张上，白色反射全部的光而黑色仅反射很少一部分。书页之所以能被看到也是反射了外部的光源。于是，你可以看到黑色的文字和白色的背景。正因如此，减法混合也被称为反射色彩，这种方法产生的颜色被称为反射色。本书中的图片都是由品红色、青色、黄色和黑色的小点所构成，也就是所谓的四色印刷（CMYK）。从一定的距离外观看，四种点混合后可以呈现出一系列不同的色相，这便是视觉混合原理。物理的减法混合原理会使颜色变暗，纯度变低——如将红色和绿色的涂料混合，则会得到棕色。

数码印花机可以在有限的颜色区域内使用少量的颜料进行打印。虽然看似是物理混色，但打印到面料上的呈色方式则类似于光混色的原理——如果近距离观察数码印花的织物，你会看到其表面有很多微小的彩色斑点。

# 最终图案: 重复和布局

随着设计过程的进行，开发阶段的实验细化了一些设计工作。作为设计师，你开始思索——哪种创意最好以及怎样以此完成工作简报。

有许多方法可以帮助设计师完成最终的设计。随着时间的推移，许多从业人员在开发系列设计的过程中往往会下意识地提高自己的技术，随着一次又一次设计工作的进行，技术越发完善。其实，可以提高技术的方式有很多，本节将择其一二稍做介绍，以帮助你更好地理解这一过程。

印花纺织品的最终设计必须满足如下一些要求：首先，它要有一个好的外观，以满足工作简报所要求的视觉效果，这才能吸引目标客户。其次，它最好可以被打印出来，并且按照客户指定的色彩范围印刷。再次，它最好具备一定的使用功能，尺寸和大小最好接近终端产品。因此，你必须平衡这些因素。即便在进行设计的过程中还没有明确的目标客户，你也必须明确以上的细节才能使最后的产品更加畅销。

**重复的图案让人觉得舒适，设计的奇迹激发我们的想象力。**

——奥斯卡·瓦德（Oscar Wilde）

**数字技术优化图案**

数字技术对当今的设计工作有非常重要的影响。通过计算机，我们可以更容易、更迅速地去修改设计。虽然需要花费一些时间专门学习操作软件，但只有掌握了这些软件，我们才能更好地利用它去改进设计方案。从印花图案设计的角度来说，数字技术处理图像最大的优势在于：它可以对设计的局部进行修改而不影响整体。例如，我们在使用Photoshop®软件进行图层处理时可以迅速编辑独立的图层，而其他图层并不会被修改。

### 重复图案和布局设计

印花本质上就是一个反复传递相同图案的过程。印在单个物体表面上的图案可以是独立的纹样（如T恤上的主题图案），也可以用图案覆盖非常大的面积（如一卷壁纸）。对于后者，我们常称之为重复的、全覆盖或平铺的纹样，这种工艺在传统纺织技术中长期处于核心地位。本节中，我们将介绍一些创造重复图案的基本方法和一些常用的重复图案的结构。

### 不同细分市场中的重复图案和布局

应该注意到，在许多用于时装设计的图案中，尤其是在那些出自非内部设计师之手且已经完全设计好准备付印的图案上，提出应用重复设计的建议会好于追求细微的变化。另外，小幅的服饰图案售价要远远低于那些用在家具上的同类型图案。可以说，在用于家居设计和室内设计的图案中，不采用完全重复的图案是较少见的。如果你计划在此类市场中工作，那么毫无疑问你应该在设计中多考虑重复设计的应用。

### 理解如何设计重复图案与图案布局

首先，构思一个印刷排放布局看上去要比设计一个重复构图要容易得多，似乎图案在印刷生产时仅仅是一个每次都在相同位置被印制的图形。然而，在很多情况下，只有那些具备艺术感的人才能做出很好的印刷效果。其关键在于一定要了解图案与产品的相互影响，如图案具体会用在哪儿以及需要多大尺寸等。对于很多的产品而言，这些因素都会使图案有所改变。以T恤为例，图案一般放在胸部中间的位置。在很多情况下，强化头脑中的终端产品意识将会有助于图案设计的出售。

除非你被提前告知，否则最终图案的尺寸就是印刷的尺寸。例如，你是用数字处理一个32cm×32cm（12.6in×12.6in）大小的设计图，那么成品的尺寸也必然与之等大。对于采用计算机设计的图案来说，分辨率也是很重要的。同样，如果没有提前设定分辨率，那一般默认的大小是300dpi。

左图：

图为卡莱尔·罗伯茨（Claire Roberts）用1/2错位重复法设计的图案。

## 重复和布局术语

以下所介绍的是纺织品印花图案设计师需要掌握的一些专业术语。

### 基本图案或元素

基本图案或元素是指在整体设计中的独立元素。在一个重复图案中，一个基本单元可以是一个独立的图案单位。例如，七朵花图案的重复单元可以是由七种不同花儿所构成的一个单位图案。

### 满地图案

满地图案常被看作是重复图案的同义词，有时也指向四方延展的重复图案。虽然满地图案特指那些块状的重复，但有时也可指平铺的图案。

### 四方连续图案

四方连续图案是指从任意角度看都没有明显边界的重复图案。这种图案通常是通过旋转元素来进行多角度设计而得到的。四方连续图案更为节约成本，因为可以将任意角度的花纹印到面料的任意位置。

### 二方连续图案

二方连续图案是指上下两个方向可以循环反复排列的图案，常被看作是条状图案或者带状图案。

### 块状重复图案

块状重复图案是最简单的一种重复结构。只需将相同的区域向上、下、左、右四个方向重复即可。其结构虽然是简单的网格形，但保持一定距离观察，很容易可以找到水平和垂直的结构点。因此，设计一个好的块状重复图案，是需要设计师掌握一定技巧的。

### 错位重复图案

错位重复图案也常被看作是设计重复图案的步骤。这种设计是将重复元素的位置下降了一半的高度，而元素大小和样式不变。例如，我们常见的墙面的铺砖形式就类似于错位重复结构。在服装设计中，这种结构很常见。设计师可以自行设定图案之间错位的幅度，如移动1/3或1/4的高度。

### 墙砖重复图案

墙砖重复图案是指图案重复时向旁边移动，移动的距离是宽度的一半。这种结构比较少见。

### 点状重复或缎纹重复

点状重复或缎纹重复是指某个元素或几个元素组成的一个单位被随机分散地安排在一个方形区域，然后每次重复时旋转这个方形的角度。而当这个方形区域重复时，往往可以按照块状重复或是错位重复的方法移动，从而排列出最终的图案样式。

### 翻转重复与镜像重复

翻转重复是通过水平或垂直翻转单位元素得到的重复结构。如果我们用计算机软件操作，这种结构非常易于编辑。但如果是采用传统的手段，则对称翻转图案的制版过程就比较繁琐。

### 边饰图案

边饰图案是一种相对较窄的、沿服装边缘进行装饰的图案，也可以是指一种特定的、沿着壁纸边界伸展的细条纹图案。边饰图案通常是从一边到另一边的重复。在有些情况下可以将图案印制在面料上之后，再把它旋转90°，也就是常说的"以宽当长"的印染方法。

### 重复图案的大小

重复图案的大小可以通过基本纹样上的任意一点在延展或移动一段距离后再次出现时经过的长度来测定。如果只提供一个数据，那将是垂直方向的重复尺寸；如果是两个数据，那就是说也包括了水平方向的重复尺寸。但如果两个数据不同，则要核查各是哪个方向的具体尺寸。重复图案的大小还被打印技术所限定。例如，在圆网印中，如果筒网尺寸是64cm，那重复的图案则最好是64cm。当然，32cm或16cm也是可以的。

虽然工作时往往会出现一些特殊尺寸，但我们经常使用的尺寸相对固定。因此，我们需要注意工作简报里提到的尺寸是否是经常使用的尺寸。例如，比起服装行业，壁纸行业会使用更多大小不同的尺寸。因此，我们在设计时一定要仔细核对尺寸的单位，看好其标注的是厘米还是英寸。

**重复中的设计**

我们一般会将那些优秀的重复图案称为舒适、均衡的设计。在你全面审视它时，不会看到孤立的元素或者元素之间存在明显的缝隙。如果你需要花一段时间才能找到重复的单元，那么则说明这个图案设计得非常好。我们很难对这些不同的设计过程一概而论，但它们也有一些共同点。例如，这些均衡的图案往往都会通过巧妙安排元素的方法取消重复单位之间的界限。因为一旦在图案中某个装饰元素太抢眼，那反而会让人更关注图案的结构而不是图案本身。

图案中的重复可以使我们更好地掌握一些设计原则和构成方式，但学习它的最好方法是在设计中通过观察去合理安排设计元素。例如，我们在安排元素时要避免过于明显的垂直和水平方向，因为这些结构太容易被注意到。此外，在设计中应用多个元素的时候，切忌不要使某一个元素过于突出。现在，越来越多的设计手段可以帮助我们更好地完成图案中的重复设计。通过对于各种元素的设计练习，我们可以在设计中更有效地去做出选择。

下面会列出一些重复图案要注意的事项以供参考。

> **作者贴士**
> **养成寻找重复的习惯**
>
> 在日常生活中，最好要养成关注重复图案的习惯。例如，你在逛街买衣服的时候可以多看看服装面料的印花图案是怎样设计的，用的是哪一种重复结构，以及重复结构的大小是多少。你甚至可以在找到其中的一个设计元素后再顺着面料去观察，直到找出重复的单元。这种寻找重复的游戏可以渗透到生活的方方面面，你慢慢就会感受到其中的乐趣。

*工作始于重复*

如果只通过看一个单元就能断定图案是怎样设计的几乎是不可能的，即使是非常有经验的设计师也很难做到。最好是建立一个"二二模式"，这样你就可以立刻看到四个单元，虽然着手会很慢，但长远来看反而会节省更多时间。另外，使用数字技术去做重复元素会更容易完成。在计算机中建立一个文件，设定宽度和高度都是你需要的重复图案的两倍。每当在图案中放进一个新的元素，拷贝后就会得到四个完全相同的版本。虽然你只在每一个重复单元中放进一个元素，但却能够获得在横向和纵向上分别两个的重复图案。通过使用这种方式你可以迅速、直观地看到重复的状态。需要注意的是，如果图案很多，你需要花费一些时间在不同的元素间移动它们。传统上，重复图案从底边到另一边的距离一般是5cm左右的距离。这一尺寸的来历追根溯源可能是在手绘模式时期，在很短的时间里需要大量地重复图案所形成的。

### 保持距离观察重复图案

设计者可能经常要缩小图像来进行观察或者先离开工作室一段时间后再观察，看看是否有元素太过于突出。这些都是在设计中要经常斟酌的，而不是等到设计项目完成后再考量。如果某些元素过于明显，那么你可以把这个元素的尺寸缩小或者通过改变颜色去弱化它，又或者是用其他的元素进行遮挡。因此，你要特别注意重复单元之间的空间，这些位置所安排的元素需要进行反复调整才能使设计更加完美。

### 设计完美的错位图案

除了上述已经列举的形式之外，纺织品印花图案设计中还存在多种重复结构，其中最常见的当属错位结构。这种结构比较受欢迎的原因在于，错位的排列使其更容易将过于明显的水平线隐藏其中。刚入行的设计师多偏向于采用块状结构，虽然这种结构很简单，但可以使用的范围却很有限。因此，我们在开始设计时可以将两种结构结合使用，而错位结构方面可以多做尝试。

### 更多元素的使用

在重复结构中只放入一个基本纹样会显得非常单调，因此你需要学会快速安排多个元素的方法。尝试在图案中一次放入五六个不同的元素，然后对它们进行复制并调整元素的位置。如果时间允许，即便设计工作只要求用到一两种元素，你还是应该尽可能地去练习使用更多元素进行设计。越早接触复杂的内容，对你越有益处。

左图：

设计错位结构图案——这几张连续的图片展示了几个错位图案的设计步骤。

## 定位印花和局部印花

定位印花或者局部印花与重复图案不同，主要是指将适合产品的图案精确地印到相同的位置上。例如印制T恤图案，你可能计划将图案印制在胸部，那么设计好位置后，所有的图案都会按照所设计的位置印到服装上。

虽然"定位印花"的名称不够准确，但这是纺织行业一个十分通用的术语，泛指任意图案在特定的位置进行印制。如果是针对面料的设计，那在成品生产前需要将图案印制到整匹的面料上。当然，像T恤一类的印花是在制作出成品后再进行定位印花的。因此，如果是针对原始面料印花，就不需要特别考虑定位问题了。

局部印花是指在形成成品前确定印制在承印物上的图案。在这个过程中，设计师更清楚所需印制的图案需用在哪些位置。例如服装图案，局部印花可能会覆盖两个相连的样板。那么当服装制作完成时，接缝处的印花也应清晰完整。因此，在局部印花时一定要对印花的样板结构了解清楚，特别是当很多产品有三维立体外观时，这点就更为关键。

我们运用这些定义主要是为了说明不同的设计方式，而在实际工作中则不必太过执着，因为面对不同的客户和产品可能会有具体的解释方式。相比之下，你更需要注意的是图案产品的尺寸和构成产品组件之间的差异。

## 产品设计

即使不知道最终产品的确切尺寸，你也应该对它最后的样子有一个大体的概念。像之前提到的那样，你可以通过测量一个类似的产品来估计它的尺寸。在工作时尽可能将图案的比例做得大一些。如果是用数字处理，你就要考虑是否用默认的300dpi的分辨率或是设定其他的大小。

本书介绍了一些图案设计实例，希望对你了解产品设计的过程会有一些帮助。此外，在设计过程中多做一些速写可以有效地审视你的作品。如果是进行局部印花，那你最好在了解到确切的尺寸后才能准确地进行印制。

在产品设计中可能需要测量许多数据。例如，服装会有不同号型，辊筒印花版会有不同的长度和宽度，这些都需要经过合理安排后才能让同一图案适合于不同尺寸的印刷。在工业生产中，这一过程将会更加复杂。例如，设计师设计好局部打印的面料图案，但在进行后整理工序时很可能会改变面料的尺寸。因为这一过程通常会涉及高温熨烫或染色处理，这些工艺都可能导致面料产生收缩，进而改变之前的大小。因此在实际操作中，这些情况都会导致生产成本提高的问题。但是随着数字技术的进步，我们可以对这些情况有一个大致的了解，从而更好地去解决这些设计问题。

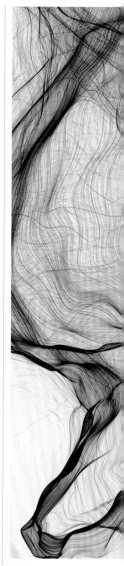

上图：

上图是伊诺·韩策（Eno Henze）为麦克斯埃罗（Maxalot）设计的名为"绿色伏兵"的大型定位印花壁纸。该图案是用数码印花技术完成的，因此可以完美地通过每一个辊筒而形成全尺寸的图像。

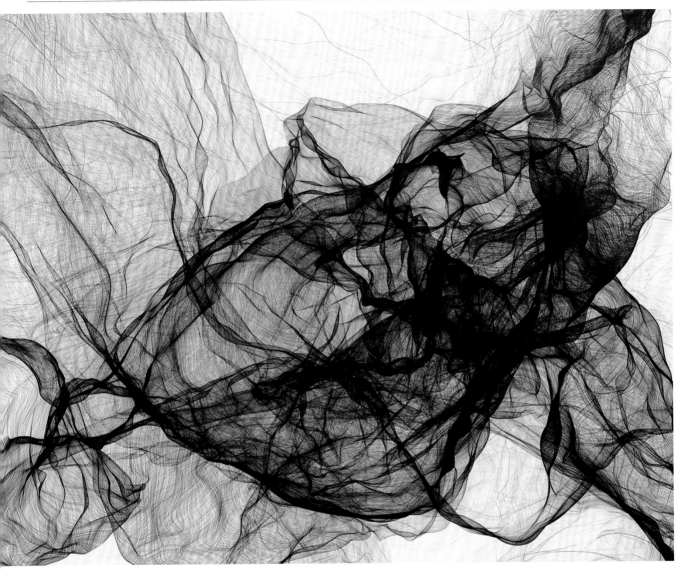

图为将索伍·桑德斯布（Solve Sundsbo）的一张摄影作品定位设计到Surface2Air品牌的服装上。

图为亨利克·维斯科夫（Henrik Vibskov）2010年春夏设计的一款名为"Flimono"的连衣裙。在裙子的袖子、肩膀和裙摆部位都分别设计了别致的印花图案。

## 讨论议题
## 设计一套T恤图案

1. 将你要进行设计的T恤平铺，准确测量每个部位的尺寸并记录下来。

2. 不论是在计算机还是在图纸上绘制，你都要做一个比例为1：1大小的模板。

3. 模板做好后，可以开始在这个T恤形状的轮廓内设计图案。这时，你需要考虑把图案元素放到T恤上的具体位置。

4. 不要受到矩形屏幕和纸面的干扰，设计T恤图案一定要考虑服装外轮廓，然后再合理安排元素。

5. 凭经验在模板轮廓内尝试调整元素的位置。若有可能，可改变其尺寸。

6. 每当你看到一些图案位置特别的T恤（或其他任何物品），可以随时通过速写记录下来，并将其存入灵感库中。

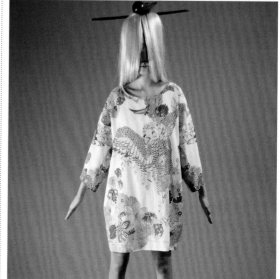

**满足生产的需要**

　　当你在创建一个最终的纺织品印花图案设计方案时，一定要给出具体的工作安排。印花工人会按照你的设计把图案印到面料或所需的材料上。因此，最终的设计一定是你与客户一致通过的方案，它需要准确地打印出来且尺寸和颜色都要经过再三确认，以保证打印尺寸与设计方案相同。必要时，可以使用色标或其他色彩参考方式来确认颜色。如果是丝网印花，那颜色的使用数量也需要再三斟酌。若用丝网印花制作重复图案，则需设计准确才能保证移动丝网版的时候可以让图案流畅地印在面料上而看不出明显的结构线。

　　具有以产品的各项标准为参考来设计图案的意识是很重要的。即便工作简报中未必提到，但构思图案的过程或产品的印刷过程都对设计有一定的帮助，并且还可以让客户更清楚最终设计的功能。如果开始就能找到工作与设计方法之间的平衡点，那么工作开展起来就会更加得心应手。

左图：

　　简·桑达（Jonathan Saunders）的服装设计。

　　　每当设计时，我们都要考虑一下与之相关联的背景因素。例如，椅子在房间中，房间在房子中，房子在环境中，环境在城市规划中。

——埃利尔·沙里宁（Eliel Saarinen）

# 本章小结

　　本章试图向读者介绍更多有关纺织品印花图案的研究和设计方法。随着设计经验的不断累积，读者就会发现更多适合自己的方法，毕竟理论不能替代实践。如果你每完成一个项目后都能很好地分析和总结得失，那么，相信一两年后你一定会成为更好的设计师。因此，当你的工作进展顺利时要知道成功的原因，以便今后做得更好。而一旦遇到更大的挑战时，你也要思考如何去改善和避免同样的问题再度发生。

　　本章的核心是想告诉读者：如果你是一名专业的设计师，现在想涉足纺织品印花图案设计领域，那一定要对自己有信心。即使你以前没有遇到过一些棘手问题、没有完成过实际的项目也没关系。一旦你能确定需要努力的方向并付诸行动，那必定可以成为有创造性的专业设计师。

# 思考题

1. 工作简报的关键点有哪些？这些关键点的目的何在？

2. 纺织品印花图案设计师需要在哪一个步骤上确保充分满足工作简报的要求？

3. 怎样进行视觉研究？

4. 怎样才能拓宽思路并且完善最终的设计？

5. 色彩在纺织品印花图案设计中起到什么作用？

6. 为什么在设计时要对最终产品的用途有所了解？

# 背景和沟通

本章我们将拓展印染和图案领域的范围，当你阅读后将更能体会到它的重要性。为了可以有效沟通，设计师需要展示更多关于产品的方方面面来证明他的设计适合其用途。事实上，可以归结为两点：背景和沟通。

设计的背景是它与周围世界的关系。例如，与最终产品的关系、与购买者的关系以及工厂的生产方式，又或者是设计时借鉴了哪些风格等。

其实我们可以这样理解：在各种背景下，设计的存在是一回事儿，更重要的是我们的沟通能力。通常，良好的沟通可以使客户或雇主对你将进行的设计工作更有信心。沟通也是工作简报的重要内容。纺织品印花图案设计师需要在设计中反映出品牌核心价值，这更有助于从产品的造型和风格方面去营销。设计行业不是一成不变的，它的结构可以随时发生变化。近年来，我们发现设计师倾向于跨越不同的领域进行设计工作。你要了解正在从事的工作比传统行业更有趣，而且在这些领域工作确实非常有价值。

# 行业标准

**上图:**

随着生产商交货时间的缩短以及客户希望产品的更新频率超过一年两次,许多观察家预测:传统的两季产业结构终会消失。上图是设计师莉安·波米斯达(Liliane Bomestar)为荷兰阿姆斯特丹工作室设计的图案,这个样式四季都可以使用。

在工业生产中,各类参与者一般都会遵循一定的模式。虽然服装或家具行业的个别公司会有一些调整,但基本的行业标准在大部分的雇主和客户中都会被认同。因此,纺织品印花图案设计师可以很明确他们的工作原则。此外,产品销售的季节、趋势预测或预测的使用以及对特定目标客户设计产品的营销方案等因素都有标准的做法。作为设计师,你至少应该了解这些工作标准。尤其是当你想提高就业能力时,除了印花图案设计还应该去掌握其他方面的技能。

## 季节因素

时装及纺织行业一般会按季节运作。特别是在服装行业中,季节因素一定要被考虑到。例如,人们在夏天会需要凉爽的服装,而冬天则需要更为保暖的服装。因此,大多数的服装零售商一年会有两次大量进货的时机。而其他的一些零售商可能整年都会不断上新货,但一年两次进货的频率在零售商中更为普遍。时装发布会和流行趋势的发布一般分为春夏和秋冬两次。家具装饰公司可能不会像流行服饰那样有大量的新品,但也会按照一定的周期上新货。有些特定的商品,如花园用家具,就具有很强的季节性。

对于纺织品印花图案设计师来说,要敏锐地捕捉到每季流行的色彩十分重要。例如,春夏系列的用色一定比秋冬系列的用色更加明亮和轻快。此外,还应注意到有些商品会在每年特定的时间产生很高的销售量,如泳装。

虽然行业内的生产会遵循类似的日程(参见第91页),但自由设计师可以在不同的领域按照不同季节的需要进行设计工作。尽管商品交易会可能针对特定的季节,但也不会只看到这一季的商品。例如,很多参加交易会的买家往往希望找到不同于其生产周期的一些印花图案。而有些参展商则表明它们的产品设计并非仅适合春夏季应用。

# 忽视了人的设计必然被人忽视。

——弗兰克·凯米罗（Frank Chimero）

## 流行趋势预测和预报

最初，新的想法和灵感在业内是以线性的方式传播，并且创新一般会发生在高端市场。下游的低端公司则会以此为导向，吸纳这些新图案做成适合他们客户和产品预算的设计。一些高级时装品牌为了能开拓大众市场，会不惜重金开办大型发布会以便邀请更多的公司参与，有时甚至会提供纸质或面料制作的服装样品。非官方的画图或摄影在发布会中都是被禁止的，即便允许拍照，这些照片也不能提前发布，要等到时装客户订到他们的服装或大众市场的客户开始进行生产后才能公开发表。

从19世纪60年代起，设计师一般不再从高端市场寻找设计灵感，而倾向于自己进行产品设计。此时，整个商业结构开始变得越来越复杂。大众市场的生产商意识到传统的、从高向低、逐步过滤的设计方式比起一些新设计师的工作模式显得过于老套。而预测公司也开始向制造商提供有关流行趋势和灵感启示的服务，他们的图纸往往来自于世界各地。此时的纺织品印花图案设计在流行趋势中已经是非常重要的一部分，因此提供印花图案的流行趋势也成为预测公司的服务项目之一。

## 流行趋势的时间和内容

"预测"这个词在一定程度上是种误读。实际上，此类公司主要是提供设计灵感和一个设计的大致方向。流行趋势一般按季出版，一年两份，分为春夏版和秋冬版。这些流行趋势预测的内容会比当季提前两年。近年来，随着互联网信息的快速更新，在网上订阅流行趋势服务的客户也逐渐增多。此外，还有一些流行趋势公司会提供咨询服务，他们可以根据客户的需求专门定制适合客户的流行资讯报告。

上图：

　　图为学生作业，其灵感来自于艾曼纽尔·赛耶（Emmanuelle Sayer）的"残酷嘉年华"。

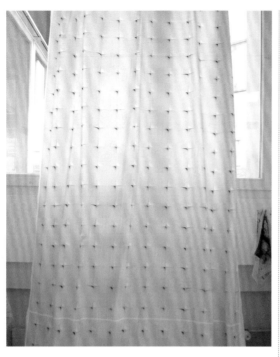

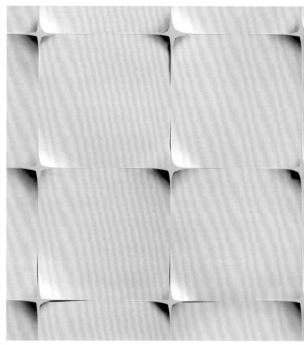

**左上图和右上图：**

　　图为由亚历山德拉·德法克斯（Alexandra Devaux）所设计的极富立体感的室内装饰面料。

## 使用流行趋势

　　从印花纺织品的角度来看，流行趋势对设计师的工作会有一些帮助。如果是内部工作室的职员，你可能会注意到，雇主会购买或订阅一些流行趋势预测报告以帮助设计师更好地进行创作。从广义上讲，这种做法往往会出现两种极端：一是有些流行趋势的概念相当抽象和深奥，会使设计师在使用时无法抓到重点；另一种极端则刚好相反，设计师可能会直接将与流行趋势报告中几乎一模一样的图案或元素运用于图案创作中。以上的两种模式都会使用流行趋势中的色板（或者至少是色彩氛围），很多的概念设计都会影响最终的产品。因此，有些设计师比较关注印花图案，而像男装和室内设计师则可能会更加关注整个生产领域（当然，他们也会关注特定的市场）。

　　在某些情况下，纺织品印花图案设计师可能会自己设计流行趋势报告。有些设计师被客户聘用，那么设计流行趋势就是他们工作的一部分。有些设计师是从事自由创作的，为了能使设计更加新颖和充满活力，他们也常会进行一些流行信息的收集。此外，一些流行趋势机构还可能会邀请一些纺织品印花图案设计师参与流行趋势的制定，并将这些设计师的方案作为提供给商家的服务之一。

　　另外，我们还需要注意主流媒体对流行趋势的讨论，他们的评价通常是针对那些已经生产的产品。部分编辑常会找出一些不同品牌商品或是发布时装之间的相似之处。这些趋势都是写给消费者而不是给设计师看的。作为业内人士，虽然会意识到这些媒体评论并非写给设计者，但往往在其设计过程中仍会受到他们的影响。

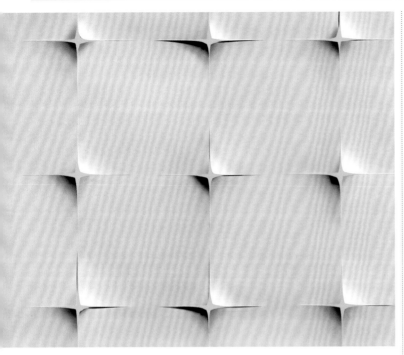

## 目标客户和市场

任何商业计划的核心关键都在于证明产品有市场潜力。不论是服装还是纺织品部门，都应该清晰地了解什么是客户想要的以及怎样通过印花图案设计去满足客户对产品外观的需求。如果仅从营销角度来看，我们可以将纺织品印花图案设计看作是一种为了吸引特定客户而提高产品附加值的方法。对于很多产品来说，消费者购买它往往与图案有很大的关系。有时，消费者之所以去购买产品甚至只是因为喜欢它的外观而不是因为它的功能。因此，你只有知道如何使产品更能吸引消费者才能同时做好产品营销。

所有这一切都意味着印花图案的设计一定要意识到其预期的客户。如果设计师是为特定的客户或雇主服务，那印花图案就应该符合市场需求。对于纺织品印花图案设计师来说，展示你的设计需要一些有效的技巧。例如，你可以创建演示文稿或幻灯片，借此展现你的设计过程已经得到了市场和客户的认可，这可以促使听众更能接受你的设计。

有关市场调研的策略有很多，但你可以从几个关键点入手：首先，如果你正在为一个特定的公司做设计，那么你一定要清楚这个公司是做什么的、要做什么季节和哪些方面的设计？其次，还应着眼于设计所针对的具体部门。例如，你要设计的仅仅是公司女装而不是全部时装，或者是百叶窗而不是所有室内家具的设计。最后，你还应该多关注同行业的竞争对手。例如，你可以关注某个具有一定价格标准的产品（如一款小黑裙），然后对比那些以相似价格销售产品的公司。这些公司的销售一定会针对同一类型的市场。这时就要注意，比起那些价格便宜的产品，高价的产品会有更广的市场空间。

## 做市场调研

一旦确定了同一水平的几个竞争对手，那么就可以比较一下他们是如何使用印花图案的。尤其是那些可能对你的市场有影响的关键品牌要更加注意，即使他们并非总是维持在一个很高的设计水准。你需要持续关注并做深入调研，这样便可以确定哪些公司的印花产品特别有市场影响力。

有时，复杂的印花会影响市场行情，但这种情况并不经常发生；有时，印花的颜色虽然很简单，但却会耗费很多成本；有时，产品可能很便宜，但却会应用到不同的颜色和多种技术。如何将产品的材质和结构更好地展示，这需要相当丰富的经验和知识才能解决。如果你只是进行网络的在线调查或是只在商铺里进行调查显然都是不够的。

因此，我们除了关注品牌项目本身之外，多看看外面的世界也十分重要。这通常涉及三件事：零售环境、网站和广告。如果该品牌仅采用在线销售的模式，那么前两者可以合并。公司会在产品风格和视觉营销上花费很多时间和精力，并试图以这种方式去规划市场。你会发现，商店中产品的数量往往可以说明一切。低端品牌会在商店中放置尽可能多的商品，而高端品牌在商店中所放的商品数量则十分有限。

## 为不同终端用户生产图案

纺织品印花图案设计师的职业生涯可能会因为工业生产的要求而有不同的工作方向和工作内容。

每个行业都会有不同的要求。因此，设计师在工作时就要考虑各个领域的特殊需要。试图对纺织品印花图案设计进行明确分类非常困难，但是在工业生产中有些定义还是常被用到的。

## 时装

时装有很多的分类方式，最常见的分类命名是：男装、女装和童装。另外，也可以针对特定类型对服装进行分类，如运动服、牛仔服、休闲服、礼服。

色彩和形象在区分服装用途上发挥了很大的作用，纺织品印花图案设计师可以通过色彩和形象作为区分特定部门的关键。例如，男装往往比女装的颜色更深，而像花卉等图案在女装中的应用也多于男装。

年龄对目标客户的服装也有一定的影响。例如，许多高端品牌会针对18~35岁的人进行设计，是因为他们在服装上的消费能力可能会高于其他年龄阶段的人，因此在这一领域的图案设计需要包含更多的流行意识。而针对老年市场，设计师则需要关注那些比较恒久的、经典的样式。

**右页图：**

　　像"鲍伊风格的（Bowie Style's）印花图案"这样的博客已经日趋成为设计师在广泛的网络领域所要关注的资源。

## 家具和室内装饰市场

　　家具和室内装饰市场也可细分为众多不同的部门，而不同部门所涉及的客户也有所区别。例如，为国内客户提供的多是关于办公室或酒店的设计服务。有些装饰公司仅关注如地毯或地板的局部设计，而有些装饰公司则习惯于进行整体的设计运作。一些公司会为自己的企业命名，这样才能与其他具有不同流行风格的室内装饰企业有所区别。这也意味着室内设计要比软装布艺更有现代感。

　　比起服装的常换常新，室内装饰的更换速度显然比较慢。因此，家装的流行趋势比起时装的流行趋势来说变化不会太大，而家装行业对上一季度流行风格的关注度会明显高于服装行业。那些畅销的印花图案设计可能会风靡好几年，有时只需稍微调整一些配色就可以了。特别是那些小型、低端的家具产品，如瓷器和台灯。这些产品往往是针对年轻人的设计，他们多会租房生活，因此不会在家具等大件上投入太多，反而是这些小装饰品能更好地装点他们的居室。

## 礼品和文具

　　印花图案设计在礼品和文具中应用得极为广泛。虽然很多图案设计并不都是应用在面料上，但很多在这些部门工作的设计师大都具有纺织品印花图案设计的背景。另外，还有一些设计师则是来自插图或平面设计领域。此外，产品设计人员有时也会通过购买自由设计师的作品并将其应用到礼品或文具的设计中。服装或家具和室内装饰行业的授权设计一般会限定使用时间或者用途，有时商家也会永久买断设计版权。

　　有些公司只在一些特定的领域工作，如礼品包装或卡片行业，而有些则跨越了更广泛的领域，甚至涉足到家具或时装行业。

# 全局统筹

在上一节中，我们讲述了纺织品印花图案设计师要了解工业生产中的一些重要准则。其实，除了行业本身，我们所在的大环境也会对设计工作有不同方式的影响。例如，始于2007年美国银行系统的金融危机对当时的零售业就有很大的影响，很多人的可支配收入因此而大幅下降。这也使得当时一些非必需品变得更受市场青睐，而纺织品印花图案设计师的工作多与此类商品有关。另外，环境和可持续发展问题也会左右消费者的选择。因此，很多产品的印花图案上又会体现出环保的趋势。

作为设计师，我们应具备能够敏锐地捕捉周围文化变迁的能力。虽然有些纺织品印花图案设计工作看似与其他的领域无关，但其实很多从业者会从其他视觉文化领域甚至视觉文化领域之外去寻找设计的灵感。

技术手段的进步也会影响我们的设计工作。正如本书中多次提到的：数码印花技术对设计师的工作方式具有潜在的重大改变。

在接下来的内容中，我们将学习如何能对这些影响纺织品印花图案设计的外部因素有更清楚的了解。对这些知识了解得越多，你就越能明白如何更好地为特定客户服务，也才能设计出更符合市场要求的产品。

---

**作者贴士**
**创新与商业成功**

具有突破性的纺织品设计比其在商业上的成功更有影响力——这还有待时日。特别体现在家具和室内装饰行业，因为只有当客户充分了解新设计的时候才会将它买回家，而这往往会需要一段时间。人们总会记住那些广受好评的设计或者获奖作品，而不会在意这些作品的销售量。因此，从某些方面来讲这对设计师是好事，但我们还需强调一个事实，那就是仅靠创新设计去谋生的话有些艰难。

你是否认为这是广泛的商业运作中必不可少的一部分？

能否找到一些设计师或品牌在真正的创新与商业之间成功结合的范例？

## 日程表

在讨论全局统筹之前，我们还要考虑到另一个工业生产要素——日程表，大量的工作都要依靠它来协调。对纺织品印花图案设计师来说，这是值得重点考虑的。因为这意味着他们经常要为未来一年至一年半以后设计印花图案。

虽然如今的生产周期缩短，商家们都希望尽快得到产品的设计，然后制作完成并进店销售，有些公司声称从订货到交货的日期是六周。但是，这仍需要建立在一个关联系统的支撑之上，因为从纱线生产到客户最终购买的周期不少于两年。这就意味着纺织行业的一些特定部门几乎同时都在做一些相同的事情。例如，贸易展会也是生产日程中特别关键的时刻，许多买家和设计工作室会在这段时间去寻找需要的设计。

## 时间

一旦买到设计稿，在印刷前还需要一些时间对设计进行调整和改动。例如，当买到了重复结构的服饰图案之后就需合理、准确地去排列重复的形式，即便是转换设备便可以完成。实际上，生产行业发展至今已经非常复杂，如果一个大公司使用涉及过于广泛的生产线模式，那么一旦其中某个环节出现问题，就必然会对其产品生产造成巨大影响。因此，对时间的掌控主要是出于以上的这些考虑，这在一定程度上也解释了为什么印花图案产品（特别是家具和室内装饰行业以及服装设计行业）一般需要经历一年或者18个月才能上市销售。

从设计的角度来说，这意味着你必须设法了解客户在未来特定的时间内会需要怎样的印花图案。一般来说，专业设计师需要从几个方面获得帮助。雇主可以提供一些流行趋势的书籍或者网站。印花产品在生产前被确定为一个公司在特定季节的主题是经常的事情。在这种情况下，设计师则会有一个明确的工作大纲。大多数机构和自由工作室会为设计团队提供流行趋势报告。这些流行趋势报告可以是正式的、有着明确生产目标的，也可以是设计师参与制作的且不拘泥于特定形式的趋势。一些雇主和机构还可能会让他们的设计师承担更多的（甚至是全部的）责任，如为印花图案提供更多的灵感和趋势预测，这对于要找工作的设计师来说是非常重要的一种能力。

上图：

图为荷兰工作室的弗兰斯·沃斯辰（Frans Verschuren）、斯蒂芬·简（Stefan Jans）以及阿列克斯·鲁塞尔（Alex Russell）等人出版的*Amsterstampa's Stamp Stack*流行趋势报告一书的展示。

左页图：

汉娜·爱格斯奥（Hannah Exall）的一个学生作业"狂野的花花公子"系列趋势报告的一页。趋势中结合了经典男装裁剪和当代视觉图案的元素。

## 创建流行趋势

创建流行趋势报告似乎有点令人望而却步，甚至会觉得猜测人们在未来一段时间会喜欢怎样的图案近乎荒谬。所以，刚开始制定流行趋势时，一定不要被所谓的"预测"一词迷惑。因为你正在做的事情只是提出一些设计概念和一些支持它的证据来表明这些概念会与未来的流行有关。当然，这些证据要具有一定的说服力。

大多数的流行趋势主要关注两个方面：一方面，往往会围绕特定的概念或想法去制定新趋势。例如，由于网络的普及，许多人开始在家办公。那么这些居家工作的人会如何装饰他们的工作室，他们会穿什么，这些都是可以开发的趋势。另一方面，制定流行趋势可以利用一些传统的概念或者已有的图案，通过合并一些元素或改变背景来创造新趋势。例如，新制定的流行趋势可以通过变换传统图案的颜色或者是用数字手段对传统图案进行新形式的处理以改变它本身的图案风格。

## 流行趋势的内容

从印染的角度讲，流行趋势至少需要包括四个部分：第一，要有专门解释流行趋势要点的一个名称和一个段落（一般这部分不能过于繁琐和不切实际）。第二，流行趋势里要有许多可激发创作灵感的图片。这些图片可能有不同的来源，但在流行趋势中不能各自为政，而应共同为设计师所用以提供灵感。第三，流行趋势中要有一系列色板。通常色板上的颜色来自于那些可以提供灵感的图片。这些被提取的色彩会配合流行趋势的标题来命名。有时，我们也可以直接使用潘通色卡或其他色彩系统去标注这些颜色。第四，流行趋势中可能要包含一些印花图案，用以演示如何将趋势发展成为一系列成品。同时，这部分还应包含一些产品的图片或是织物的样品。以上这些内容都是为了向设计师展示如何利用流行趋势来开展设计工作，而不是给他们一个最终的设计方案。因此，设计师通常会借鉴流行趋势中的一些风格，然后提炼概念再重新进行设计。

### 外界的影响

在创意产业之外发生的事情或其他事件都可能会对纺织品印花图案设计产生影响。虽然设计师在工作室中设计印花图案似乎与外界事件无关，但其实外界所发生的任何事情都会影响到消费者的审美，从而影响他们在消费时的选择。因此，你要随时关注这些可能影响到实际产品购买方向的事件。在工作中，有时你需要向客户或老板说明这些事件会对产品和设计产生怎样的影响，所以对外界影响保持一定的敏感度是一种非常好的专业素质。

### 社会变化

人们的生活方式对他们购买产品有着一定的影响。大多数人会通过服装和家装的风格来表现自己的生活品位。因而，许多品牌会使用印花图案来让人们可以从具体的产品中找到能体现自己风格的设计。

如今，网络占据了人们生活的大部分时间，人们会在网络上进行社交甚至用网络工作。这就需要预测人员了解网络会对人们当下的消费产生怎样的影响。例如，当人们在网络上购物时，他们对印花图案的选择与在实体店中有何不同？这种不同是否仅限于很少的一部分消费者还是一种大众趋势？如果可以从数字上来证明这个趋势足够明显，那就可以确认产品在网络上有市场。这时便会有一些公司对产品有兴趣并尝试购买，甚至可能会与纺织品印花图案设计师合作去开发自己公司的产品。

右图：

像索菲亚·科波拉（Sofia Coppola）的《玛丽·安东尼特》（Marie Antoinette）这种华丽、张扬的电影，可以作为流行趋势中的灵感来源之一。

### 经济变化

在财政紧缩时期，人们对非必需品的需求非常低，甚至在世界其他一些地方，人们从不购买非必需品。经济衰退期，设计大多呈现一种逃避现实、陷入虚幻世界的风格，这会让人感觉比较舒服。这时，设计师多会被要求去做一些传统的设计，或者重复一些已有的设计。

有些公司也会采取不同的方案，他们试图鼓励人们消费一些新的设计，如新的视觉概念或新技术。

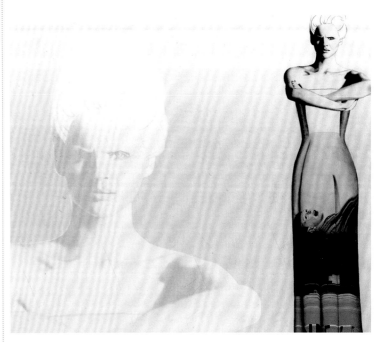

## 全球重大事件和文化事件

全球重大事件也会影响到设计。例如，像世界杯和奥运会这种重大的体育赛事会促使设计师绘制大量的足球或者赛道等图案。有时，他们也会关注主办国，因为大家都会在这几年中关注事件的发生地，这使得许多设计师会从主办国以及主办国将发生的事件中去寻找设计灵感。

一些文化事件也会影响设计方向。例如，个别历史事件的周年纪念可能会引起与该事件相关的设计风格再度流行。又或者是一部有着强烈艺术风格的电影或是国际性的展览也会引发一些新的流行。深受印花图案流行趋势影响的人以及应用这种趋势的工业行业到目前为止还为数不多。更多的人都过着相似的生活。例如，去相同的店铺或画廊、在特定城市参加贸易展会和时装周等。只有在经历各种探索后，他们的想法才会成为较为成熟的预测。

上图：

设计师约赛亚·斯达沙克（Joasia Staszek）的作品受到来自纺织品以外如艺术方面等创意产业趋势的影响。

# 效果图、身份和艺术指导

纺织品印花图案设计师先创造出图案或图形，然后将其应用到某一种产品上。因此，设计师通过绘制效果图来呈现图案最终印制在产品上的状态是非常必要的。

通过绘制效果图，你可以模拟出产品的最终样式来判断图案是否满足产品所需的功能，这可以帮助你更容易地开展设计工作。换句话说，这会使你在设计时胸有成竹，并可以随时调整不满意的设计。其次，在向其他人展示你的设计思路时，效果图是最具说服力的工具。例如，用效果图来向他们说明你的服装设计方案会比单纯用语言描述更清楚。

印花图案能够在产品销售中发挥一定作用。例如，公司可以让印花纺织品工作者发挥他们的个性去生产一些有特色的包装或品牌标志。而这些具有独特风格和艺术感的印花图案在视觉营销中也可以起到积极的作用。

设计领域的竞争非常激烈。因此，公司在面试两名有同样经历应聘者的时候，如果其中一位可以绘制出他的设计方案并有能力展示出如何针对这些设计进行品牌推广和销售，那他将更容易被雇用。

右图：

卡门·伍德（Carmen Wood）绘制的这张服装效果图采用Adobe® Photoshop®中的滤镜工具与她设计的图案结合呈现出一种朴实的服装效果。

**效果图**

我们在绘制纺织品印花图案效果图时一般会采用如下两种方法：第一种方法是使用现成的绘画作品、照片或其他产品的图像。这往往可以精准地描述产品。另一种方法是采用更程式化和艺术化的手法去展示产品并表明其设计用途。这种方式往往更容易调动人的情绪并可以展现出产品背后的一些设计理念。

上图：

丹·方德博格
（Dan Funderburgh）
设计的墙纸具有明确
的规格。

效果图可以被看作是一种不错的视觉沟通方式。通过效果图，我们可以让他人对你的设计更有信心，也可以使你得到应有的报酬。效果图能够将你的作品完整地展现出来，这点非常关键。而更为关键的则是，工作时想象正有人时刻注视着自己，即便是独自工作时也要保持这种状态。因为这样能让你感觉自己的工作受到关注，如此可以使你保持愉快的心情并能高效地进行设计创作。将你的设计思路变成可视的形象往往要花费很长的时间，但这一过程必不可少。

### 效果图资源

为了可以直观地展示你在室内装饰、服装或其他产品上的纺织品印花图案设计，你可以从两个不同的方面入手去绘制效果图。首先要做的是，建立一个包含其他插画家和设计师的图书资料库。这个资料库不一定包括印花图案设计，但一定会有你喜欢的绘画风格和想尝试的技术。因此，你需要关注的是风格而不是内容。你要确保资料库使用起来方便、快捷。具体的资料你可以收集到速写本上，同时还要关注网络资源，如一些有趣的博客或者图像网站。另一种绘制效果图的角度和上述的有点相像，但这一角度更关注产品。此时，你需要尽可能多地收集一些自己的绘画和照片，把你认为可能有用的图片整理成一个产品图像集。假如你正在进行室内设计的效果图绘制，那它可能是从建筑图像或你自己的纺织产品中提取的设计元素。在设计服装印花图案时，你也可以收集服装发布会的图片或者从时尚杂志中去寻找绘画的灵感。

不论是以上哪种情况，收集图像对设计师都十分重要。你可以在自己的实际工作中灵活地使用这些资料库来完成效果图的制作。

**右图：**

克莱尔·罗伯特（Claire Roberts）绘制的服装平面图实例。

### 示意图

示意图可以使我们清楚地看到印花图案最终呈现的样式。示意图不必有过多细节，但一定要呈现出图案在视觉上的正确比例和大小。

你可以在设计服装或产品图案时多加练习这种绘制示意图的方法。例如，在绘图前，你可以对产品进行基本测量，然后将它的各个关键点标记在绘图纸上。利用这些关键点便可以勾画出产品的外轮廓。设计师往往先用铅笔绘制草图，在得到满意的比例后，再用钢笔勾勒。此外，你还应注意：在绘图时，不同粗细的线条对图的样式会有显著的影响。因此，可试着将外轮廓线画得宽一些，其他重要的结构线使用中等粗细的线条，像缝纫线迹等细节则可用更窄的线条来表现。当然，你也可以使用专业的数字媒体技术或软件来辅助你绘制示意图。例如，Adobe® Illustrator®等矢量图像处理软件都非常适合绘制服装示意图。

若要将某个图案应用到产品效果图中，方法有很多。如果你想把手绘的图案输入计算机做数字处理，可以通过扫描的方式予以实现。你也可以把产品最终的样式或外轮廓图多次复印，然后直接在这些图像上进行图案设计。此外，还有一种方法是将产品的效果图拷贝到硫酸纸上，然后再进行印花图案的绘制。不论采取以上哪种方法，都要留意绘制的图案在产品上应具有正确的比例（详见作者贴士）。

> **从编辑、设计、时装宣传到广告、音乐、电视、平面等媒体的各种形式的插图已经变得更加司空见惯。**
>
> ——安格斯·海兰（Angus Hyland）

**上图：**

印花图案是通过一种风格化的效果图来表现的，虽然图中给我们很少的产品信息，但却独具风格、令人回味。

### 风格化的效果图

一张风格独特的效果图比示意图更具艺术感。它可以将产品置于特定的背景中——家居装饰或者是某人穿着的服装上。同时，这种效果图更容易唤起人的情绪并有助于让人体会到一些产品背后的设计意图。例如，在印花设计中使用一系列相似的色彩或是将产品放在一个特定的场景中都可以反映出设计师的灵感来源。

我们可以从两个角度去练习这种效果图的绘制。首先，你要了解其他插画家绘制效果图的方法，并尝试将这些风格表现出来。在开始练习时不必担心这种模仿会让你失去创造性，因为在尝试了各种绘画风格后，你会逐渐增强信心，并慢慢形成自己的绘画风格。其次，不论是使用传统的速写方式或是完全采用数字图片的方式，你都要不断收集与自己设计的产品相关的图片。即便有人对这种做法表示不理解，你也要坚定不移地继续。因为，许多专业设计师和插画家都会将收集图片作为工作的重要部分。设计师往往会从不同图片所混合的大量信息中得出独特的见解，有时也会挑选一些元素进行重新手绘。通过这种方式，你可以开发自己所需的图案比例，甚至会发现原图对你来说只是参考而不是直接用作设计的。

实际上，印花图案设计师认为在练习绘制示意图上多花费一些时间可能更有助于工作。这是由于示意图在实际工作中能帮助他们更快地完成设计。但是，当你需要去解释说明设计理念或是想拓展自己绘图的专业技能时，风格化的效果图还是值得多多尝试的。

**作者贴士**
**把握正确的比例**

不论你用哪种效果图来展示最终的图案设计，以下几点都是需要注意的内容：首先要注意图案的比例——假如你设计的图案有30cm高，那它在产品上一定要显示出正确的大小。最简单的方法是，先测量出产品的实际尺寸，然后计算图案在产品中印制的大小。例如，你要将30cm高的图案放到一件T恤上，可以先量一下自己的T恤尺寸。如果T恤尺寸是60cm，那么你的印花可能是T恤衣长的一半或者等于T恤衣长。

## 品牌

关于品牌，每个公司都应尽量做好以下两个方面：其一，让客户喜爱这个品牌，并使他们确信可以通过拥有此品牌的产品来满足他们的需要。第二点，要强调此品牌与其他竞争对手的区别，如可突出自己的特性和价值。

有些纺织品印花图案设计师可能会发现，他们所在的公司会将印花图案的设计作为品牌运作的核心。这在休闲服装和牛仔服装行业中十分常见。业内人士如今不仅会使用一些品牌元素的文本和Logo，还会通过视觉设计来传达品牌的内涵，对公司的发展也有了更明确的定位。有时，平面设计和纺织品印花图案设计之间的界限很模糊。而在时装领域，大部分印花图案设计工作者会称自己为平面设计师。

## 风格和内容的创作

在21世纪，传统艺术和设计的界限日益模糊（特别是在数字技术的广泛应用影响下）。重要的是，纺织品印花图案设计师应该能意识到他们将会开创一些新的工作领域。

造型师可以设计视觉产品或系列产品。他们可以为服装设计师服务，在产品发布时协助设计师打造整体的视觉风格。他们甚至参与模特、鞋靴、配饰和化妆风格的选择过程。这些造型师也会为杂志工作，帮助陈列商品以及确定摆放位置等。另外，造型师还可以与广告商合作，协助他们在图片拍摄过程中向客户充分展示产品的优势。设计师们主要还是与一些具备服装和纺织品行业背景的摄影师合作。令人惊讶的是，比起服装行业，他们往往早已在家具行业工作过很长一段时间。

艺术指导需要具备创造性的眼光和一定的领导才能。例如，摄影艺术指导并不具体参与拍摄、做造型、预定模特和确定拍摄位置等工作，但一定会与其呈现的整体概念有关。因此，他们在工作中要确保向每一位工作者明确传达出某一理念。

近年来，图案除了用作装饰产品外还会应用在广告、销售和其他视觉营销手段上。这便使得相当一部分印花图案设计师开始从事艺术指导的工作。此外，业内很多部门吸纳了设计与销售过程是一个整体的观点，形成了将视觉内容（包括纺织品印花图案设计等）看作是艺术指导的最重要的概念。

**当你确定自己的品牌需要怎样的形象时，你要知道品牌形象如同人一样需要有个性，这样才可以占据一定的市场地位。**

——大卫·奥格威（David Ogilvy）

玛雅·瓦尔德
（Maya Wild）为阿
迪达斯（Adidas）
品牌设计的标志，
具有强烈的现代感
和趣味性。

# 本章小结

在竞争日益激烈的纺织行业，如果纺织品印花图案设计师能将自己的工作置于行业的大背景中来考虑，他们就能使自己具有极大的优势。这就需要考虑以下两点：首先，作为纺织品印花图案设计师，你不仅要了解所处的大环境会如何影响设计，还要了解如何在设计中体现出这些因素的影响。其次，你要知道行业对你工作的具体要求。

作为设计师，你的设计工作本身也是一个视觉沟通的过程。即便你已悉数掌握印花图案的设计技巧，但关注所处的工作环境也很有必要。

纺织品印花图案设计师通常会做一些有前瞻性的设计。虽然从业者会从工作简报中得到必要的细节以确保其为未来客户工作时准确无误，但他若具有洞悉工作方向的专业眼光，则可以创造更好的设计。这不仅有助于设计工作的进行，还能提高工作人员的就业实力。

因此，如果你在工作中能对自己所处的大环境有清楚的认识并能与之有效地沟通，那将会给你的职业生涯注入持久的推动力。

# 思考题

1. 流行趋势在纺织品印花图案设计以及纺织品行业中扮演怎样的角色？

2. 纺织品印花图案设计师如何完成服装、家具或礼品文具的设计？

3. 在设计进程中，市场调研起到什么作用？

4. 社会、经济或其他全球性问题对纺织品印花图案设计有怎样的影响？

5. 纺织品印花图案设计师如何通过视觉手段实现自己的创意？

6. 在纺织品印花图案的设计中怎样体现客户的品牌特点与个性？

# 风格与内容

纺织品印花图案的特征是通过两个主要属性体现出来的：风格与内容。图案的风格是指其呈现的外观和采用的形式。它能给人留下高品质的印象——精细的或者说是精良的。

所谓"内容"是指印花图案设计所使用的具体图像。这是指那些可辨认的事物——如花卉或鸟类。当然，也可以是那些抽象的图形，如使用基本的点组成的图像或是用数字技术手段处理的新形状。通常，客户会首先对图案的内容提出要求，借以描述他们想要的样式。

了解图案所需要的不同要素是非常重要的。例如，色彩在设计中会起很大作用，而外观形式会对流行风格和流行周期起到至关重要的影响。你可以针对同一设计做不同的配色方案，这也是纺织品印花图案设计师应具备的专业能力。你也可以通过将不同的几组图案搭配组合来进行设计创作。

那些历史悠久的传统印花图案与今天的图案还有着千丝万缕的联系。而印花纺织品行业的工作人员经常要求创新或修改现有的设计。因此，这就要求他们在进行外观设计时要具备更为丰富的知识。纺织品印花图案设计师要依据工作简报的要求，在工作中很好地平衡传统图案和创新图案两者间的关系。

# 图案类型

纺织品印花图案一般都是依据其内容来分类，而类别名称则经常使用描述其印花图案的关键词来命名。尽管在实际使用中，有些名称叫法并不固定，而且一些图案类型也并未被所有的行业人员所使用，但是我们仍可以通过这些分类方式对纺织品印花图案的主要内容进行一些更全面的认识。在这一节中，我们将会介绍用以区分不同纺织品印花图案的六个主要类型。这种分类方法虽然不能涵盖所有的图案，而且有些图案的特征是重叠的，也就是说它们可能跨越不同的类型，但确实提供了一个能够对纺织品印花图案设计师的绝大多数工作对象进行介绍的有用方式。

这六种类型分别是：花卉图案、几何图案、图形设计、主题元素图案、历史风格图案、地域风格图案。在不同的市场和工业领域中，这些类别会按照名称和结构有更为精准的区分。如果你与工作伙伴不是同一国家，可能有些类别在字面上的叫法会存在差异（尽管这些叫法原本都起源于全球各地）。不过，这些条目仍然可以涵盖印花图案中的绝大部分，而且会为你可能受聘的不同风格和内容的工作开辟一个广阔的范围。

## 花卉图案

这是一种以花卉为基础的纹样，属于纺织品印花图案中最常见的一类图案。花卉图案的题材无比丰富，以致可以再次细分成不同的风格和门类。例如，可以从植物学名的角度为某些彩绘花卉做准确的描述（因为它们看起来像是植物学的插图）。而有些花卉图案还可能与特定的时代、特定的文化或设计公司的风格有关。例如，威廉·莫里斯设计的花卉就具有维多利亚时代的晚期风格以及工艺美术时期的风格。此外，如使用樱花或菊花图案，就会给人一种日本风格的感觉，因为这两种花与日本文化息息相关。同样，当描述或印制自由花卉图案时，那种不同方向的小花朵风格可能是与位于伦敦的某一家公司有关。花卉图案还可以包括其他元素，如植物、叶子、枝干或者与几何图案和文字混合使用。花卉图案不仅可以非常写实——如数码印花可以采用拍摄的花卉图片。另外，也可以使用高度抽象的花卉图案。

## 花卉图案的风行

花卉图案风行的原因有很多。人们很熟悉花卉图案是因为其作为纺织品印花图案设计的一个类型已有很长的时间。具有花卉特征的图案几乎遍布全球每个角落，甚至在早期的印第安文化中也可以找到这类图案，足见其对世界各地纺织品印花图案的影响。许多人认为：大量印花织物的出现是随着工业革命后城市人口迅速增加而产生的——当时的城镇人因较少接触农村的田园风光，因此期望通过购买花卉图案纺织品来保持一种亲近自然的感觉。

眼前所见皆如花美眷。

——松尾芭蕉（Matsuo Bashō）

### 花卉图案的内涵

从符号学的角度看，花朵可以被视为象征自然、美丽的事物。虽然设计师并不经常提及，但我们很清楚花卉自有其特定的寓意。例如，百合花有时会让人联想到死亡。那么使用它的公司会尽可能地回避百合所表达的消极含义。纺织品设计师在大多数的产品中都会将花卉的寓意和特征予以表现，但在男装和男童装的时装设计中，这种表现方式应用较少，其原因或许是传统观点更倾向于将花卉解释为具有女性特质的图案。此外，也有人认为纺织品设计中广泛使用花卉图案与从业者中的女性比例极高有关，但这种见解尚未定论。

### 花卉图案设计

对于一名设计师来说，花卉几乎可以表现任意的样式和设计主题，不论是细腻含蓄或是大胆奔放的设计风格都可以通过花卉图案得以实现。有经验的设计师对于花卉元素十分熟悉，不仅可以设计出具有年代感的图案，也能设计出时髦的样式。此外，色彩对于花卉图案的风格影响也很重要。色相、明度和纯度对图案的外观效果都产生了直接影响。因此，当你的图案系列中并未涉及花卉风格的元素，而你正需要寻找其他的设计灵感时，那么具有强烈风格特征的花卉元素将是一个不错的选择。

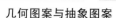 

### 几何图案与抽象图案

几何图案与抽象图案都是非具象的——不像任何现实事物的单纯图案。该条目具有很强的互换性，虽然在很多情况下"几何图案"这一词汇都被描述为"有秩序的""干净整齐的"，而抽象图案则指更为自由的和更有流动性的样式。这些抽象图案不仅可以从某些象征寓意中提取设计元素，还可以从一些简单的形状或以其他方式获得。因此，这类抽象图案也同花卉风格的图案一样，几乎贯穿纺织品印花图案设计的整个发展历史。在西方艺术家开始创作抽象画之前，设计师们就已开始与抽象的图案打交道。例如，他们会在图案中使用一些来自于伊斯兰装饰艺术的历史悠久的纹样。你甚至会发现，几乎任何一种文化中都会包含几何图案或抽象图案的装饰元素。

### 不同语境中的几何图案与抽象图案

对于几何图案和抽象图案，我们往往会忽视其在特定背景下的特殊含义。在设计运用时应加以注意，尤其要注意有特定含义的宗教和政治符号。

大部分几何图案的来源比较清楚。例如，格子和人字形图案都是来自于编织的结构。但也有一些几何图案是通过某种方式逐渐演变的，其源头并不明确。例如阿拉伯式的图案，一般都认为是受伊斯兰装饰艺术的影响，但那些复杂的相互错综交织的图案元素还可以追溯到希腊或罗马时期的装饰艺术风格。

**上图：**

运用"点"这一极其普通的几何图形元素设计的复杂图案。

### 几何图案的类型

常见的几何图案是指点、条纹和格纹。格纹在印花图案中相对比较少，它更多地体现在织造过程中。这三种图案的使用非常广泛，甚至在提到点、条纹和格子图案时都不必提到几何图案这个概念。由于这几种基本图案的结构比较简单，因而往往容易被纺织品印花图案设计专业的学生所忽视。事实上，即使是最基本的市场调研也可以揭示其在工业生产中应用的广泛性；如果你的设计方案尚未成形，那么点、条纹和格子图案的设计都可以作为一种尝试。

### 几何图案或抽象图案创作

不要误以为图案是能够一蹴而就且大量涌现的。尽管有时最终的设计方案并不需要花费太多时间创作，如当下使用计算机软件可以提高绘制的速度，但其实设计是一个需要深思熟虑和不断改进的过程，远比直接绘制一个复杂的图案更有难度。作为一位优秀的纺织品印花图案设计师，需要具备如下几项基本能力：可以设计出令人满意的点状图案和条纹图案，并可以设计出比较简单、清楚的图案配色板。毕竟，在不考虑图像和其他设计背景时，专注于色彩的搭配和比例确实让人着迷。如果不相信简单的几何图案可以变得独特而充满魅力，那么去看一下宝格丽（Burberry）的格子图案设计和保罗·史密斯（Paul Smith）的条纹图案设计就能体会到了。几何与抽象的图案虽然看似简单，但其实是一项智力活动。因此，诸如布里奇特·赖利（Bridget Riley）的欧普条纹艺术或格哈德·里希特（Gerhard Richter）的波普风格色彩绘画其实与广大纺织品印花图案设计师做的工作十分近似。

### 肌理图案

另一种十分常见的几何或抽象图案是肌理图案。这是一种满地花式的表面印花效果，是通过制造一些标记或采用传统绘画媒介绘制的非具象图案。在生产中，它通常会使用非常类似的颜色，有时甚至使用同一色相、不同明度的色彩，这种搭配被称为同色系。这种微妙变化的色彩搭配在家居装饰和室内设计中很常见。设计这种图案时，一个单独图案的纹理相对容易实现，但要做成重复形式却非常困难。

### 几何图案的命名

有些几何图案的命名在外行看来描述得十分诗意，但对于纺织品印花图案设计师来说，这些名词是指一些非常具体的图案样式。毕竟"几何"这个名词让它听起来好像是一类严谨的数学概念。例如，三叶草图案、云母纹图案、绸缎图案、漩涡图案等都是与历史有关的不同类型的抽象图案。虽然其中部分图案如今并不被广泛使用，但这些对图案的描述方式仍可以提供给当代设计师一些有价值的参考。

**我认为某些模式和程序无论如何都不允许有任何变化，如若必须经历这一过程，你只能通过执着地反复、改变或者是扭曲自己，进而将它吸收进来成为自己性格的一部分。**

——村上春树（Haruki Murakami）

## 图形设计

图形设计往往与文本或品牌标志有关，有时也会出现一些图像。这些图像一般会被设计到一些特定的位置（如T恤一般将图案放到前胸位置），在时装业里，如在运动服、泳装、街头风格服装和牛仔服装中，这种设计应用得更为广泛。实际上，纺织品印花图案设计师在时装界通常被称为"图形设计师"，这一点在求职过程中需特别注意。

## 纺织品中的图形设计

图形设计的工作并非那么简单。如今，许多品牌都在极力维护自己的品牌形象。因此，如果绘制的图形与某个公司的标志过于相似，则很可能会接到对方的法律诉讼。因此，设计师在工作时常被要求使用特定的标志或品牌作为灵感的素材。而有经验的从业者则善于从基本的原始素材中提取一些应用广泛但形式新颖的元素，人们很难从某一特定的品牌中联想到它们。例如，一提到美式校园风格，人们能想到的时尚品牌可以说不胜枚举。

## 字体设计

关于字体的使用，我们必须清楚的是：首先，我们要知道在大多数情况下，在商业设计中能否使用一个特定的字体首先要通过许可。假如你为某一特定公司服务，那么这个公司必须已经得到使用与其公司视觉形象相关的字体的许可。在这种情况下，字体是否获得许可就不是你需要考虑的问题。但是，如果你是自由职业者，并且使用特定字体的设计品最终要上市销售，那么法律规定买方必须购买使用字体的许可证（相当于要买断这个设计）。

应对这一规定最有效的方法是设计专属的字体。在设计时，你可以使用一个现成的字体设计作为参照。如果这看起来有点复杂，那么一定要记住你只是在临摹自己的文字，或可以使用软件来调整现有的字体（如用Adobe® Illustrator®等矢量软件辅助完成）。

除字体是否获得许可外，我们还要了解的是，当你使用来自其他语言的文字或字母时可能会遇到的一些问题。例如，当你在不了解这些文字含义的情况下使用它时会有一定的风险，因为有些词语可能会产生歧义。那么，你在使用这些并不了解的文字进行设计前就一定要领会其表达的含义。

此外，在你使用虚拟人物进行图案设计时也会遇到类似问题。例如，某些卡通形象的使用权会在这些卡通形象的出品公司那里，除非他们同意，否则你最好不要轻易使用这些虚拟形象。

> ## 图形设计是个性、古怪、离经叛道、爱好和幽默的天堂。
>
> ——乔治·桑（George Santayana）

## 主题元素图案

　　主题元素图案是指花卉之外的具象图案。换句话说，是除了花卉以外的那些描绘具象物体的图案。这种图案分类的方式其实并不常见——有时也可以指那些绘有新奇事物的别致印花图案，或者在一般印花类别之外的特殊图案。图案表达的内容是影响主题元素图案成功运用的关键，比起花卉和几何图案，这种有着特定主题的图案更容易受到时尚和流行风潮的影响。例如，有一些主题元素图案非常流行，但人们对它的态度却褒贬不一。如动物毛皮图案，不论是斑马条纹或是豹纹、蛇皮纹等，有些人认为这类图案俗不可耐，而有些人则认为动物毛皮图案非常精致漂亮。即便如此，不论哪种观点占优势，都不妨碍此类图案继续被设计师们频繁地使用着。

## 主题元素图案应用

　　主题元素图案还可以发展出一些更具趣味性的功能。很多设计师会以迷彩效果作为设计的出发点，如使用透明色彩或者在某些主题中加入图像和文字元素来颠覆原本单纯的效果。实际上，一些用色相当柔和并向四周不断重复的图案也会造成迷彩或伪装的视觉效果。

　　有些主题元素图案受流行趋势的影响不大。例如，鸟类图案和蝴蝶图案，虽然这些图案有时也会有一定的流行周期，但对设计师来说仍是较为常用的设计元素。此外，主题元素图案的应用有时也会与一些特别事件或特定的节日有关。

　　主题元素图案在礼品和文化用品的包装中使用得更为普遍。一方面，这是由于这一领域的设计师一般都具有图案设计或插图设计的专业背景（因为这是他们十分擅长的一种设计方式）；其次，或许对于大部分消费者来说，穿着印有这种图案的服装或购买这种风格的家居用品有点过于前卫，而印在礼品或文化用品上就不会产生这种困扰。因此你可以发现，在服装行业中只有在童装上才能见到这种具有主题元素特色的印花图案。

### 历史风格图案

历史风格图案是一种利用与某一特定历史时期、某种艺术运动有关的装饰元素而绘制的图案。这种图案往往是与过去的某个具体时间点（或具体构思）刻意相连。我们在设计中会采用数字技术结合一些最先进的印刷方式将图案印制到织物上。虽然技术手段日益提高，但是当你的图案参照的是一款18世纪的法国壁纸时，你还是会由衷地认为选择传统图案比起选择时髦的现代设计图案更让人觉得可信和可靠。虽然历史风格的图案常见于纺织品印花图案设计的各个领域，但在家居和服装图案中，这种风格的使用更为普遍。你甚至可以在服装图案中看到一些近代历史风格的图案元素应用。

### 重温过去

比起其他类型的纺织品印花图案，历史风格图案包含了许多不同的名词。设计灵感源于近代的图案往往被称为"怀旧风格"而非历史风格。例如，那些有着20世纪60年代或70年代感觉的印花一般就被称为怀旧图案。而一个设计如果看起来具有19世纪60年代的风格，那这种设计则是历史风格图案的应用。同样，历史风格图案对于设计来说是一种借鉴。在19世纪20～30年代间，设计师们越来越受到同时期艺术特别是立体主义和结构主义的影响。那时的许多印花图案都具有明显的现代主义风格。而如今在设计中对那一时期的借鉴则会被称为是"装饰艺术风格"而不是历史风格。此外，20世纪的其他许多艺术运动都被当今的设计师作为启发灵感的重要源泉。

历史风格图案是一种对于更早期风格的追求。例如，现代设计史的先驱人物威廉·莫里斯对于手工和艺术风格的追求。他反对工业化中一成不变的产品，呼吁人们重视工业化以前的时代。他从中世纪装饰艺术中汲取灵感并进行创作。其实这也足以说明这样一个历史模式——有时从过去的一些风格中往往可以获取更多、更浪漫的设计思路，可以为人们提供一种更为简单、更加美好的生活方式。

### 存档与复古图案

对于从业者来说，以旧有的样式创造新的设计风格并非一件麻烦事。有些公司甚至专门从事销售一些过去印制的存档图案。有时，这种复古图案会被再度使用，当然在使用时会做部分修改，如调整颜色搭配等。如果某些重复的单元已经模糊，设计师还会重新对其进行设计，使得这些旧图案能够展现出新的样式。以19世纪的部分印刷公司为例，他们会有一本作为图案织造目录的图案手册。每页后往往会附有图案的页面，上面既有面料小样也有水粉绘制的图案。每一个附页上密集排列着二三十种图案。这些设计资料可以出售或授权给某一公司使用。一般情况下，当这些图案上市销售时，往往会以传统概念作为销售的卖点。那些历史悠久的公司在很长的发展历程中多已建立了属于自己的一套图案档案。这种做法在家居印花设计和时装设计领域中十分常见。

上图：

图为从巴洛克风格中提取的元素进行手绘后设计的印花图案。

## 时装中的复古图案

如今有一些公司和工作室专门出售二手的复古服装和配件，如此一来，一些复古印花图案就用在了新的服装设计中。还有一些工作室则将文件夹中以往的创作作品以复古存货的形式卖给顾客。实际上，许多纺织品印花图案设计师在设计过程中会去寻找一些古老的面料或服装，或从慈善机构和旧货市场中寻找旧物作为设计的灵感。而提到服装销售，则一定要注意版权问题——如果你销售的是一个其他人曾用过的复古图案，那么理论上你是在销售别人拥有版权的设计作品。因此，这一领域的行家多会寻找一些已经过了所有权期限的设计图案以及某些厂商和品牌不再生产的服饰。

## 地域风格图案

地域风格所涵盖的范围比较广泛，在印花图案中往往是指那些以特定文化和地域特征为灵感的图案设计。有时，这种风格还有其他叫法，如"民俗风格"或"民族风格"。这是由于设计师多会通过查阅某一民族文化或是地域特色资料而迸发出创意的火花。

在纺织品印花图案设计领域，地域风格的应用非常广泛。纺织品和装饰品在不同的国家和文化圈中以贸易往来的形式流通。近百年来，贸易开阔了人们的眼界，让人们见识到了世界各地的商品。这些具有丰富图案的产品往往成为全球商品贸易的一大特色。一些图案设计的源流甚至可以追溯到数百甚至数千年前。即便是最近才被推崇的图案也曾经历了复杂的演变，它们在很大程度上是受贸易和时尚的影响。

## 广泛传播的图案

佩兹利纹（Paisley Motif）是一种常见的图案，我们从中能感觉到印度和波斯文化对它的影响。而这种图案也因历史过于悠久而很难追溯它的历史源流。有人说佩兹利纹的形状是来自芒果的外形，而装饰风格来自于花卉纹样。这种观点被大多数人所认同，至少佩兹利纹最初的产生很可能是受到植物的一些启发。这种图案在17、18世纪从印度传入欧洲，一直出现在那些手工编织的制作周期长达五年的精美羊绒披肩上。自然，这种羊绒披肩价格不菲。而欧洲的面料公司则看中这一图案令人着迷的风格，投产了大量有这种图案装饰的面料。当时，在苏格兰一个名为佩兹利的小镇正是最负盛名的产地之一，于是西方人便以该小镇的名字为这种风格的图案命名为"佩兹利"。

……无论何时，当你看到一件经典的夏威夷衬衫时，你都可以感受到它带来的那种轻松、愉快的气氛。

*——戴尔·霍普（Dale Hope）*

右页图：

图中的芙蓉花用色大胆，有着明显的夏威夷风格。

## 西式的东方图案

这类图案虽然起源于东方，但其中一些会被西方世界选择和借鉴。例如中国风格，继马可波罗在13世纪末游历中国后，西方世界对其具有异国情调的中国艺术品的热情不断升温。直到17世纪，中式风格的艺术品在欧洲的使用还非常普遍，从当时的消费水平来看，这些物品大多价格不菲。于是从18世纪中叶起，许多西方的制造商就开始大量生产借鉴中国元素的商品。这种做法在当时非常流行，人们将其称为"中国风格"（"Chinois"一词是法语对中国的叫法）。

时至今日，中国风格的造型在纺织品印花图案设计中仍是一种重要的风格，尤其是在室内设计中十分常见。虽然我们可以从这种风格的图案中看出明显来自中国装饰艺术的影响，但其实它是经由18世纪英国或法国制造商的设计工作室重新诠释后的一种风格。因此，你会看到一些程式化的内容——如纸灯笼和中式塔形建筑物的造型会反复出现在装饰图案中。但这些内容早已失去其在原有文化中的含义，而变成了西方设计师诠释东方风格的一种符号。因此，你可以看出西式的东方风格仍旧是延续一种西方图案的设计思路，就像西方人18世纪对中国艺术的借鉴而产生的"中国风格"一样，其实都不是对中国视觉文化的直接呈现。

## 地域风格图案的意义

就像花卉风格的图案可以看作是人们想逃离城市建筑而向往田园生活的憧憬一样，地域风格的图案同样可以满足人们对异域文化的联想。正如上文提到的中国风格，人们可以通过使用印有中国风格图案的商品去感受遥远的东方国度的文化魅力。这就像我们经常可以在泳装和夏季服饰中看到那些夏威夷衬衫上经常使用的图案一样，可以让人产生对沙滩、海岸和冲浪的联想，从而营造出一种轻松的夏日氛围。

从文化理论的观点来看，当我们从其他文化中获得图案时还需注意一些问题。就像设计师必须谨慎处理其他文化的文字、字母和符号一样，对待一些异域文化的图案也要小心谨慎。例如，有些图案可能具有宗教含义，那么当其用在一些产品上时可能会无意间冒犯一些宗教人士。此外，地域风格的图案因为带有明显的视觉文化符号而容易流于俗套。因此，作为一位优秀的设计师，如何能用前人没尝试过的手段去重组图案元素以诠释地域风格也是一个值得思考的问题。

# 色彩设计与调和

**上图：**

一款数码印花面料的基本配色方案。

纺织品印花图案设计师除了要掌握印花图案的设计方法之外，还应该掌握几项关键的技巧。设计师在工作时需要列出多个可供选择的设计方案。例如，不同的配色方案或者是一系列（基本相似的）原图案的变化版本。本节将重点展开对色彩搭配和色彩调和的探讨，同时展开设计师用图案在不同面料上设计不同产品这一重要课题的思考。

## 色彩搭配的定义

色彩搭配是指对同一种图案提出的不同配色方案。换言之，除了部分颜色的区别，图案的其他方面完全相同。一般情况下，色彩的总数在一款图案中不会有太多变化，假如原始图案有六种颜色，那么重新进行色彩设计时仍然要使用这六种色彩进行搭配。在某些情况下，你在设计时要保持色调的统一，如原始图案呈现的是色彩柔和的效果，那么在变幻色相后仍要保持这种柔和的色调，而暗部仍需选取深色。另外一些情况则需要你完全改变原有的色调，如改变基本色相或背景颜色。最后，你还需要了解这些不同的配色方案并不会改变设计的版权归属。因此，对同一设计方案来说，即便重新进行配色，它们在法律上仍属于同一设计版权。

色彩设计在家具行业中的应用看似比其他行业更为常见，但其实在图案设计中也几乎是无处不在。又如室内装饰行业，其提供给客户可供选择的配色系列往往比时装行业丰富许多；而一些高端的市场甚至可以为特定客户定制专门的配色方案。因此，有时仅仅改变一件设计品的配色，使其与流行趋势保持一致，就能使这一款设计畅销多年。

挑选一个包含四五种颜色的图案。

首先，在保持色调不变的前提下，用与原图案不同的色相或饱和度调出一个色板——如暖色取代冷色，或亮色取代暗色。

接下来做复制原图案的工作，依次替换每个颜色。请记住，新色板中颜色的总体数量应该与原图案的搭配方案相同，且复制图中的所有颜色都应该有所变化。

现在试着采用另外一种方式进行色彩设计——变调。你可以将原图中亮度最高的颜色替换为亮度最低的颜色。诸如此类，你可以尽可能地去改变原图案所体现出的气氛或情绪。

## 色彩设计的应用

对于设计师来说，之所以要提供给客户多种色彩设计方案，原因其实很简单——更多的配色方案可以增加产品的销售量。假如一种图案受欢迎的原因是源于色彩，那么设计出不同的配色方案就可以增加产品被购买的概率。此外，对于生产商来说，生产三个不同配色的同一图案产品比起生产三个不同样式的图案成本更低。这一点在印制阶段尤为明显——如圆形丝网印花的开版费价格不菲，而一旦将印花版做好，你就可以用它进行各种色彩组合。这一过程适用于除数码印花以外的多种印刷方式。由此可见色彩设计的重要性。同样，这也解释了为什么不同的配色方案都要保持和原有方案相同的色彩数量——这些都是由于所有配色都会使用与原图相同的辊筒、丝网框。

绘制配色方案是为初级设计师准备的基本项目，将已有的设计方案进行重新配色对这些初学者来说是很好的练习。而原设计方案中的色彩一般是由工作室中高级别的成员决定的。数码技术从根本上提高了配色方案创建的速度，这对于所有的纺织品印花图案设计软件来说都十分重要，这也使得图案编程变得更为可视化。即便如此，对于设计师来说，创作出好的配色效果依然不是一项容易掌握的技术。即便计算机可以予以辅助而将工作进展得更快，但色彩设计本身并不简单。

左图：

第116页图案的另一种配色方案。

## 学习色彩设计

色彩设计是纺织品印花图案设计师职业生涯中必不可少的部分。因此，在作品集中显示出你在这方面的能力是很重要的。例如，当为一家公司做图案设计时，客户或许会要求你提供针对某一图案的不同配色方案。作为自由设计师，如果你可以证明某一配色方案适合秋冬季节而不适用于春夏季节使用，那么这一配色方案也许就会成为对产品销售有益的设计。可见，若你能显示出自如应对不同季节的色彩设计能力，那么就会更容易得到客户的信赖。

## 色彩与时代风格

我们知道，印花图案所显示的内容往往可以说明纺织品的风格，而颜色对于风格的诠释并不亚于图案。但正如某些设计元素可以很好地塑造出特定的外观效果一样，色彩也不能脱离印花图案而单独存在。但我们会发现，有时改变某个图案的配色也确实可以改变这一图案的风格。例如，选取任意时代的设计图案，将色彩调整为鲜艳的黄色、橙色、粉红色、紫色和石灰绿色为主的配色方案，那么，该图案看起来一定颇具20世纪60年代的迷幻设计风格。

用来展示配色方案的色板最好可以让人感受到特定的风格，如此一来，人们在看到某些色彩的同时能直接联想到一些图案史中的时代风格。例如，使用翡翠绿色和海棠粉红色会使图案呈现20世纪80年代的图案风格。可见，只要纺织品印花图案设计师可以精心设计色彩方案，对配色驾轻就熟，就能更好地通过色彩设计传达产品风格。

## 研究色彩

对某一特定历史时期的图案色彩研究可以从两方面入手——寻找具有当时设计风格的色板并探究这些颜色是如何被成功运用的。寻找色板是研究的基础，需要你集中精力并保持相对客观。假如工作简报要求在设计中体现出20世纪50年代风格，那你首先需要找出大量当时的装饰物、室内设计和其他相关设计的图片。这些都可以通过书籍和杂志来获得。其次，你还需注意不能将过多个人对色彩的好恶态度投射到工作中。例如，某些颜色虽然符合你的审美，但如果不适合设计方案，则一定要舍弃。特别是当图案要求使用的色彩有限时，这一点就会显得尤为重要。

在完成寻找色板的工作后，你就要研究如何成功地运用这些色彩。这时，你需要进行多次配色尝试，调整不同颜色的比例关系，并确保用色的精确度。在计算机技术普及前，设计师往往需要花费大量时间来混合颜料以调配出需要的颜色，然后再绘制不同宽度的色彩条纹以找到合适的配色比例。时至今日，应用软件可以使配色更加便捷和直观。你可以通过扫描迅速获取颜色，然后迅速将这些色彩填充到设计效果图中。不过，软件毕竟只能提高设计速度，而客观上判断色彩搭配是否合适还需依靠设计师的搭配技巧。

1. 寻找或创作一个简单的抽象几何图案，不必考虑其中的配色。

2. 选择20世纪下半叶的某一个历史时期，可以从当时的杂志封面、照片或书籍中提取一些典型的平面设计图作为参考。

3. 从这些素材里提取一个配色的色板，并应用到最初的抽象几何图案中。这一步，请确保你选择的一系列颜色能够准确体现出当时的风格。

4. 现在，用不同时期的色彩重复上面的过程，比较与之前色板的区别。

不同历史和地域的色彩风格往往与其应用在印花图案中的技术有关。例如，当你以印度尼西亚的传统蜡染为灵感进行设计时，一定会注意到蜡染所用的蓝色和棕色是这种风格的重要组成部分。这是由于原材料可染制的色彩范围会受特定地域天然染料的限制，从而对设计师的色彩设计产生一定的局限性。

**复古色彩设计**

虽然我们通过褪色、降低饱和度或混合深褐色等方式几乎可以令任何一组色板呈现出陈旧的风格，但却不能因此而想当然地认为过去时代的色彩就一定是柔和色调，这就如同我们第一章提及的欧洲"淡紫红色时代"一样。更有甚者，19世纪末象征"美丽年代"的时期反而是使用了对比强烈且明度较高的色相来搭配不规律的图形。

在时装设计中，还要特别注意季节色彩的作用。例如，在设计春夏季节服装的色彩时，如果设计方案中需要用到昏暗色以及冷色，那么你就需要扩大色彩的选择范围。

**协调**

协调是指针对那些应用了不同印花图案的同一设计方案进行色调的整体调整。如同一间房子的壁纸，可能需要与房间的吊顶以及地板图案风格相协调。

一般有如下两种方法来使图案协调。第一种方法（也是最明显的方法）是，使用同一组色板。这并非指它们都使用相同数量的颜色——假如相当复杂的图案有8种颜色，但在协调中起主导作用的色彩体现在简单的条纹形状中可能只需两种颜色。第二种方法是，在较复杂图案中，将协调色应用于主要图案的一种或多种元素中。例如，在一个花卉图案中使用10种不同花型进行重复排列，可仅用其中的一种重复花型进行协调，或者在一个较小的范围内采用一些不同的重复结构。

**右图：**

设计公司经常需要一些独特的印版，以保证他们在桌布设计中的不同图案相互协调。

### 配套图案的应用

配套图案在家具和家居产品中的应用比在服装上更广。例如，消费者在购买床上用品时会发现被套和枕套都是独立的设计品，但它们在整体上是配套的设计。这与我们上文提到的传统墙纸设计需要配套相同。

在服装设计中，配套的图案被用在一件服装上的情况较少，更常见的方式是被用在一个成衣系列中。服装的印花有时是面料本身印制重复的图案，而有时是在特定的位置印上单独的主题图案。设计工作室经常会将一些配套设计的图案应用到系列设计中——如礼品或文具的设计。此外，他们还会采用多种方式将某个独立的图案应用到一系列的产品中。

**作者贴士**
**配套设计和版权**

如果你是自由职业者，那么配套设计的费用和设计版权都是需要注意的事情。

假设你完成了三个图案：第一个设计比较复杂，斑点背景上描绘了八只不同的鸟；第二个设计相对简单，斑点背景上只绘制了两种鸟；第三种图案只有斑点背景图案，没有鸟。

在一次展销会上，你的第一个设计和第三个设计被同一位客户购买，那这时第二个设计一定会被弃用或雪藏。因为这个设计中包含与已经出售版权的设计相同的元素，所以以后都不能再出售给第三方。

在艺术院校学习时，教授告诉我：设计师和插图师在创作时要对他们服务的对象负责。

——艾瑞·卡尔（Eric Carle）

右图：
　　图为芬兰裔插画家克劳斯·哈帕尼埃米（Klaus Haapaniemi）为芬兰的伊塔拉（Littala）品牌设计的猫头鹰系列餐具中的一件。

## 同一图案、不同外观

　　正如许多不同的图案可以通过协调变成配套图案一样，同一图案一样可以用在许多不同的产品和外观上。有时，图案无需修改即可直接使用。例如，首先将织物进行印花，然后将其做成不同风格的产品。偶尔，图案还需改变尺寸，这时往往需要一套尺寸对应的圆网版才可以印制出配套图案。

　　对于纺织品印花图案而言，织物重量和织物结构对色彩设计的影响也是一个需要关注的问题。例如，将相同的印花图案用同种染料印在真丝雪纺和真丝天鹅绒上，其效果大相径庭。雪纺上的图案颜色会比天鹅绒上的图案颜色浅很多。这是由于在厚重的织物上，印花的色彩都会加深，甚至呈现金属质感。

　　在织物结构方面，将图案印制在有肌理感的织物或粗的毛织物上会损失部分图案细节，而且不均匀的织物表面会使图案产生细纹。相比之下，在针织物和精纺织物上印花，因其表面相对光滑可以更准确地呈现图案。有趣的是，数码印花实际上要依赖某种表面的纺织品，但这是很微妙的。微小的染料滴到织物表面后被织物表面的肌理变为细微的、难以预测的点，在视觉混合的帮助下，色点就会混合成一个完整的色彩区域。

　　如果你此时正在为礼品或其他产品设计图案，那么不论是打印在纸张上或是其他材质上，你都要确保该材质在印制图案后能完全呈现出所需的色彩效果。有时因为材质的原因，可能需要你调整色板或者限制印刷中实际所用的色彩数量。

# 变化与创新

纺织品印花图案设计专业的学生和新入行的设计师一开始很难具备大量的专业技能。例如，对各种色彩、风格和内容的涉猎以及对传统图案的创新等。作为一名专业的设计师，在工作中甚至不能掺杂过多个人的品位和自我表现的欲望。起初，这似乎很难把握，特别是为那些用于销售的商品设计印花图案时，这一点更要牢记。因为只有利用专业技能增添了产品的附加值，才能促使更多人购买它，而使用过多的个人元素只会适得其反。

当工作简报中要求设计一系列创新图案时，并不意味着你不能从过去的图像中寻求灵感。通过重新整理、归纳或调整历史风格的图案可以帮助你寻求到新的突破点。或许通过视觉语言来解释这种设计元素的提取会更容易。此外，对于如何创造新的图案，我们还可以从历史中吸取来自技术进步的宝贵经验和教训。

**右图：**

常见的佩兹利纹，这种纹样的来源至今众说纷纭，有些人认为它很可能来源于芒果的自然形态。

### 图案的改良

新入行的设计师会对自己刚涉足的行业很好奇。确实，对于大多数纺织品印花图案设计的专业人士来说，调整已有的设计是一种基础技能。设计师经常会被要求将一个经典的图案进行改良，使它变得更具现代感。在某些情况下，一些设计师会因其手稿的风格符合要求而被指定为客户进行图案设计。但一般来说，我们见到的设计图案几乎都是匿名的，这种传统已经延续了几个世纪。

**如果不能努力地做好，事情有可能变得更糟。**

——*弗朗西斯·培根（Francis Bacon）*

> **成功的纺织品设计师所追求的不是去设计以前没见过的事物，而是去创造更为丰富的……超前的事物。**
>
> ——苏珊·梅勒和乔斯特·艾尔弗斯（*Susan Mellor and Joost Elffers*）

## 创新

的确，许多纺织品印花图案设计师设计的图案是崭新的、独特的与原创的。然而，如果没有一定的行业经验，你一定要意识到很多新的设计实际上大都来自于对旧版本的改良。历史上许多的设计案例都可以追溯到很久以前的一些艺术家和设计师的创意以及那些有价值的自我表达作品。虽然这不是判断一件设计作品好坏的标准，但确实值得我们关注——当代设计已经打破了设计间的种种界限，我们完全可以通过借鉴已有的丰富艺术遗产而取得商业上的极大成功。

不论面对任何项目，设计师都要先拟定工作简报。许多客户会以为，如果你选择为其提供服务，你就应该采取任何措施去满足他们的需求。因此，如果你想争取更广泛的客户群，那么能够应对本章所述的大部分工作内容以及所归纳的几种图案类型就将是一个非常不错的开始。

某些图案已经成为经典样式，在任何时代的设计中几乎都可以看到它们的应用。另一些图案则随着流行风尚的变化而重新被设计师翻新用于设计中。你会注意到，某些图案会对特定文化背景和年龄层的人有特殊含义。例如佩兹利纹，尽管它作为一个单独纹样有着辉煌而悠久的历史，但在波西米亚风强劲的19世纪60年代，却不能为嬉皮士所喜爱。虽然你会发现一些特定的纹样可能会受流行趋势的左右，但并非所有产品和市场全都如此。

## 创作不同的风格

作为专业的设计师，能够创作各种不同风格的图案对你来说非常有益。如果你的整个职业生涯都将在同一家公司度过，并且这家公司具有看似不可改变的独特风格，那么你可以尝试在工作的某些领域或是在一定范围内改变一些设计内容。在实际工作中，你会发现设计时会涉及各种不同的风格。因此，你在应聘时如果能很好地通过作品集向招聘方展示你具有设计不同风格图案的能力是非常必要的。

此外，当你被客户要求设计一个新风格时，最好牢记下面两点。首先，你需要做一些有价值的研究工作。如果足够幸运，或许你可以从工作简报中得到客户提供的与新风格相关的图像信息。但一般情况下，你多会从寥寥数语中开始进行后面的工作。因此，制定工作简报的人如果能对你更清楚地阐释工作细节，这将会对你有一定帮助。例如，你被要求设计20世纪60年代的风格，而这一时期的风格可能是如同玛莉·奎恩特（Mary Quant）品牌般的简洁风格或是截然不同的迷幻视觉风格或嬉皮样式。那么此时最好尽快从客户那里获取几个关键的设计师或艺术家信息，或者向客户发送一些图片来确定选择哪一种风格，这样才能尽快使设计步入正轨。可见，只有明确设计风格，你才能从图片中获得灵感继续创作。

## 研究新风格

很明显，你在创作中使用的风格取决于客户的要求。例如，客户需要某一历史风格的设计，那你就需要从那一时期的艺术和设计中寻找关键元素，如一个书签或其他能调动你情绪的老物件。当然，如果可以查阅到和当时有关的杂志和广告图片也会对你的设计有一定帮助，但有时年代久远的资料并不容易找到。如果对设计风格没有特别限定，那么你在寻找灵感时就不必仅限于纺织品印花图案的资源，其他的装饰设计或建筑设计的图案有时也会给你不同的启发。以上所有工作的目的都是希望你可以将图像资料中得到的信息重新转化成一种新的、独特的设计风格。

像互联网，特别是"谷歌图片"这种专门的图像资源网站，会帮助你更轻松地找到所需图像。使用时，要特别注意搜索有用的关键词。正如本书第13页中提出的建议，如今为数众多的设计师为了工作方便而建立了内容丰富的资料库。但你仍不能低估研究的重要性，因为只有通过自己的深入研究才能在设计工作中显示出一些个人特色。此外，你还要特别注意所使用的图片是否存在侵权的可能。基于此，除非你的客户或公司有明确要求或者确定你使用这一图像不存在侵权的可能，那么任何情况下都不要使用那些现成图像。养成这种好习惯能避免陷入版权纠纷。

右图：

　　一个传统的大马士革（Damask）图案设计。

### 通过研究得到新造型

　　当我们设计新图案造型时，第二个要点便是要善于利用研究进行工作。当你找到一些关键视觉元素开始进入到"开发和设计工作"阶段时，你要再仔细检查，这些关键元素是否抓住了设计目标的重点。如果你面对的工作是全新的设计风格时，对元素的把握就更为重要。特别是当你对自己完成设计方案信心不足时，你便会不自觉地通过基本设计原理和技术手段去重组这些关键元素，使设计感觉更协调。而实际上，你需要的新风格正是通过这一转化而形成的。

　　无论是使用花卉风格图案或是主题性图案开展设计工作，都可能涉及特定技术或媒体的更新。这些同工作简报中要求的风格一样，都是随着对材料的研究和对新图案的研发而逐步进行的。因此，这一过程会包括最初从自然的花卉中提取设计元素一直到最终的系列产品的完成。一些几何图案设计则可能会使特定的软件和数字手段变成涂鸦效果。不论面对何种情况，在工作中那些能体现工作简报要求的图案都是比较重要的。

### 从历史到现代

　　以过去的材料作为工作基础就省却了许多创新的花费。一些看似当代才出现的图案实际上却很可能有着悠久的历史渊源。当你本着保持图案原有的时代美学风格的目的去重新修改一些传统印花图案时，你可能已经以某种重新语境化的方式彻底改变了其美学特征。这看似只是简单的调整，但很可能导致牵动大范围的不同元素发生重大变化。

　　大马士革图案（Damask）是一种纺织品印花图案设计的经典图案样式。这种图案一般会采用对称布局，将植物按照有规律的几何结构排列。与其他那些历史悠久的纹样相同，大马士革图案最初的使用时间已不能确定，甚至也可能有多重起源。有些人认为，这种对称几何结构的大马士革图案最初是经由马可·波罗从东方旅行时所带回的长袍上的图案而引入西方。而大马士革也是当时此类织物主要的贸易中心。另一种说法认为，大马士革是这种织物最初的产地，并且自中世纪早期就已经开始生产这种风格的织物了。

**历史的魅力和玄妙就在于：一个个时代过去了，其实什么也没变，但一切又是截然不同的。**

——奥尔德斯·赫胥黎（*Aldous Huxley*）

最初，大马士革图案是一种编织出来的图案，而并非印花图案。这种织造的面料起初十分昂贵，但随着印花形式的出现就变得越来越便宜。许多面料和墙纸上都会采用大马士革图案的印花。早期，印花样式试图尽可能地模仿编织出的大马士革花纹的风格，在印花中也使用两种颜色，并保持其统一的色调和相近的色彩——其中之一是织物的底部颜色，而另一种是图案组织结构的颜色。这一设计风格在家具中仍有延续，并通常保持其历史风貌。21世纪初，这种风格又广受大众欢迎，特别是在壁纸设计中一度非常流行。

### 设计更新

像大马士革图案的设计中，有一些保留了传统的样式，而另一些则通过重新配色和加入其他元素的方式使其具有现代感。这些新设计的大马士革图案可以只采用强烈的黑白对比配色或者用流行色和更有质感的颜色重新设计。还有一些设计师则为其添加了一些非传统的视觉元素，改造了它的外观，但仍保留了大马士革图案的传统形式。

在本书的写作过程中，大马士革图案的流行度丝毫没有减弱。虽然现在看来试图解释哪一种图案在将来会非常流行是一件困难的事情，但我可以很确信地预测：大马士革图案风格的壁纸在21世纪仍会成为极受欢迎的印花样式之一。或许数字技术的普及也能从另一方面说明这种图案对设计师有强大吸引力的原因。导致这一现象的原因在于，在任何图形处理软件中对一个设计元素进行复制和镜像操作都很简便，因此用计算机可以迅速设计出这种结构简单的大马士革图案。

右页图：

威廉·莫里斯
（William Morris）
的设计对印花纺织
品行业有着深刻的
影响，但他的设计
是因反对过快的工
业发展而产生，而
非为工业生产而进
行的设计创新。

## 传承与创新

纺织品印花图案设计在传统设计中并不引人注目，人们更在乎那些优质产品的生产商而不是关心设计产品的设计师。因此，我们很少能记住一件印花产品的设计师是谁。例如，一个新开发的印花图案的命名总与产品或品牌有关，而很少是以设计师的名字来命名。

自21世纪伊始，我们可以从行业实践中发现这样一个极为重要的变化：当代的印花图案设计可以轻易获取丰富的设计灵感。可供当下纺织品印花图案设计从业者参考的图书也越来越多，其中的大部分书籍都前所未有地激发了人们对印花图案的兴趣。这些书使得纺织品印花图案设计专业的学生和本行业的专家一样可以迅速得到最新的研究成果。而在过去，若想得到这些信息则必须耗费大量的时间和精力出去做市场调研——过去出版的纺织品印花图案设计的专业书籍都把关注点放在了对于历史或某特定时代图案的研究上。此外，互联网的广泛应用也使研究创新图案工作变得更轻松。特别是当你搜索到一些专门的网站时，你就会获得大量前所未见的设计素材。

> **学习和创新是相互关联的，所谓"居功自傲"就是认为昨天做的足以应对明天。**
>
> ——威廉·波拉德（William Pollard）

**作者贴士**
**借鉴设计与版权**

印花图案设计师要注意，抄袭其他人的设计可能会触犯法律。适当地借鉴设计元素是一种长期在设计行业中通行的设计方式。例如，像对波尔卡（Polka）圆点图案的改良，就不会有侵权问题。然而，将已有的设计复制、粘贴到你的设计中就是侵权行为。如果你正在借鉴设计，那开始时就要避免出现这种直接的抄袭。

有关印花图案方面的新的流行趋势虽然总在一些小领域产生，但往往会造成十分广泛的影响。当然，一个新印花图案的流行很大程度上取决于消费者对产品的购买意愿，或者市场对它的认可。从行业外部来看，纺织品印花图案设计新风格似乎是从消费者、客户和雇主的意见逐步一致的过程中产生。人们常认为纺织品印花图案设计师没有原创的图案，但其实创新正存在于不断更新的过程之中。其实，我们现在创作的许多设计都能看到过去元素的影子。例如，在一个设计方案中引用一个现成的图案是很常见的做法，这正可以说明纺织品印花图案设计行业比起其他设计领域更重视对过去的传承。可见，当你能很好地平衡继承与创新之间的关系时，两者并无冲突。

## 技术革新

回首纺织品印花图案设计过去几年间的发展，我们可以发现，技术的发展是影响图案风格变化的主要因素之一。例如，一种新型印花方式的产生往往会对从业者的工作方式产生重要影响。这是由于每当一种新的技术出现，设计师一定都想去进行尝试。而这种技术是否能够广泛投入使用还是由产品的销售额决定。在印花图案中非常流行的风格有时会对纺织品的生产方式产生重大影响。当然，这种改变并非在一朝一夕中完成，一种新技术往往需要一段时间的使用才能被行业广泛认可。人们会在它产生后去对它做整体的认识和考察。技术革新在印花纺织品行业发展得相对平缓，但也有一些设计师反对革新的观点对其产生了重大影响。正如前文中提到的威廉·莫里斯，他的经典设计正是因为积极反抗当时的技术和产业革新而产生的。

从数字技术方面来看，软件如今对设计师的工作过程也有着一定的影响。以设计中常用的Adobe® Photoshop®和Illustrator®这两个软件为例，虽然可以用它们来做一些相同的项目，但其实两个软件的操作系统和进行设计的方式都截然不同。这是因为它们处理图像的核心任务有区别，Photoshop®更适合处理位图图像，而Illustrator®则适合处理矢量图像。可见，每种软件都有固定的处理图像的模式，需要灵活运用。当然，今后还会继续开发出一些新的软件，而设计师必须意识到这些可能产生的技术对他们工作方式的影响。

对于新入行的设计师来说，刚出现的数码印花技术是最令他们感兴趣的印花方式，它确实会在长时间内深刻影响面料的印制模式。在投入商业化运作之前，我们需要花一些时间开发它的全部潜力。对于未来的设计师来说，这里有着很大的发挥空间。

首先，你要找到一件用来进行设计工作的产品（或者产品的图片）。最好它具有非常明显的风格——如非常正式或明显非常老派的感觉。

其次，写下几个可以描述设计风格的关键词，有可能是"精致的""经典的"或者"前卫的""时髦的"。在记录时，你可以想一下如何在电话中描述这些特点。

第三步，找到与刚才所写关键词的反义词并写下来。例如，"精致"与"经典"的反义词可以是"粗俗"和"垃圾"。

第四步，使用这些你写下来的词语创作一幅理想的图案，并利用颜色、内容、风格来表达这些词语（或反义词）。

最后，当图案设计完成后将其与你在第一个步骤中选择的产品图片放在一起，并考虑把这些图案放在什么位置。这个方法会帮助你显著提高图案与产品的协调能力。

### 来自视觉文化方面的创新

一些图案创新也常受到来自其他视觉文化的影响。在20世纪50年代，艺术家让·米罗（Jean Miró）和保罗·克利（Paul Klee）都对纺织品印花图案设计有着深远的影响。而斯堪的纳维亚（Scandinavian）这种北欧设计风格则为许多业内人士提供了设计灵感。另外，战后的乐观主义精神和对美好未来的向往也对图案风格产生过影响，一些纺织品印花图案设计师甚至从一些晶体和原子结构中寻找图案的素材。从中提取的一些线性元素和简单的抽象形状后来逐渐演变为一种图案形式，并通过丝网印的手段得以实现。进入20世纪60年代，设计师将一些平面的色彩应用到丝网印花中。欧普艺术在当时极具影响力，一些欧普艺术家如芭芭拉·布朗（Barbara Brown）会使用数学建模的方式来设计纺织品印花图案。而像"玛丽的裙子"（Marimekko）等大品牌也对新风格的产生有所帮助。20世纪80年代的风格（一种自21世纪伊始以来被广大创意工作者所热衷回顾的风格）可以通过色板和图案类型来界定，这些风格一部分来自家具设计和后现代建筑设计的启发，如家具品牌孟菲斯（Memphis）和建筑设计师迈克尔·格雷夫斯（Michael Graves）、詹姆斯·斯特林（James Stirling）的作品。

### 设计创新图案

　　应该指出的是：并非每个人都会在20世纪60年代使用大型抽象图案装点家居内饰或者在20世纪80年代穿着"身体地图"（Body Map）品牌的服装，但它们仍然是当时涌现的创新图案风格。关于图案创新的产生，有些观点认为创新的图案往往发生在经济繁荣期。这时，设计公司会对产品未来充满信心，因此乐意为顾客提供更多原创的图案和新产品。在经济不景气时期，制造商一般不愿承担风险而多会选择去改良那些让他更为放心的经典畅销图案。而相反观点则认为，创新设计会在困难时期产生，那些乐于承担风险的公司才能开创出新风格。以上两种争论实际上都有可取之处，因为在以往的设计历史中都能找出相对应的案例。

　　如果你想进行图案创新，那么可以考虑从印花图案的某一个设计角度作为切入点去思考，如是否能以推进技术手段的方式进行创新设计。虽然了解图案的历史知识也很重要，但对于一个创新者而言，不断地更新对视觉文化的认识并乐于尝试新的技术手段也同样重要。

### 印花和产品风格的结合

　　对于纺织品印花图案设计师来说，有时很难说清楚他们设计的优美图案将被用在怎样的产品上。虽然一些设计师已经开始设计自己的系列产品，但有时还会同他人合作来分担生产和销售的成本。因为这种方式对设计师来说能降低一定的金融风险。随着数字制造技术的发展，产品会随着需求进行印花而无需进行有风险的存储和制造。

**上图：**

　　托马斯·保罗（Thomas Paul）结合历史图案和现代色彩感觉设计的靠垫。

如果我们将更多的注意力放在如何将图案与产品相结合就能更好地去认识创新的过程。在实际生产中，你很难去改变产品本身的结构和样式。但如果你知道设计的是何种产品，那么可以通过对最终产品印花图案的设计来改变其整体的视觉语言。正如可以将不同风格的元素重新组合一样，你也可以用同样的方法从与特定产品无关的领域提取设计元素来进行这一产品的设计。例如，设计师可以将一件很传统的服装设计成时髦的款式，或将许多国内不常用在印花纺织品上的图案设计到服装上。

## 消费者也是设计师

作为设计师，你还应注意纺织品印花图案设计并不完全独立。正如终端产品可以促使印花图案进行调整一样，客户也会对设计产生一定影响：他们有时会对穿怎样的服装或者住哪类风格的房间有自己的见解。很少有人专门请人设计服装或者请室内设计师设计家具。从20世纪50年代起，街头风格——这个从消费者中自发产生的风格对设计界一直影响巨大。

## 印花的语言

每一种文化都会使用特定的图像来呈现其视觉语言，纺织品印花图案设计也不例外，其历史可以追溯到数千年前。当其视觉语言与其他一些装饰领域有所交叉时，或当我们试图去整理历史中全部的图案风格或想去详尽列出可以使用的全部图案内容时，我们便会发现，纺织品印花图案的历史非常久远且品类繁多，难以准确列举。像花卉风格等图案至今仍不断出现在每个季节的设计中，并会结合不同的时代文化和传统样式变化出多样的风格。还有一些图案往往昙花一现，但通过重新转化设计语境后仍可以应用到不同的产品中去，从而使它们看起来又焕发了新活力。

**右图：**

阿比·沃金斯（Abbey Watkins）的设计，其风格打破了图案和时尚插画的界限。

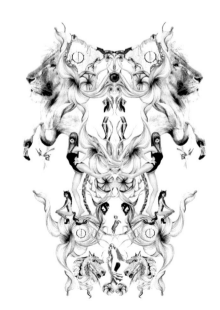

# 本章小结

在阅读本章后，我们可以发现纺织品印花图案的发展过程并不简单。人们总是错误地认为：这样一个领域广泛的设计门类在任何情况下应该都可以轻松地确定其设计的大方向。但其实针对不同的产品市场，纺织品印花图案的流行趋势都有所不同，甚至在很多细微的地方都存在微小差异。因此，对于从事纺织品印花图案设计的设计师来说，不仅要可以设计不同风格的作品，还要了解设计的背景，进而确保它们可以用在实际产品设计中。

如今，图案设计也随着技术手段的提高而产生一定的变化。近几年，数字技术对设计风格有着明显的影响。特别是一些矢量绘图软件的使用使数码印花方式逐渐兴起。长远来看，很多技术都会逐步发展，但行业的核心目的仍然相同：将图案添加到产品上来增加其附加值。对于设计师来说，色彩、款式和面料图案内容仍然非常重要。因此，熟练掌握这些技巧对于设计师们的就业仍然大有裨益。

# 思考题

1. 纺织品印花图案可以分为哪几类视觉内容？
2. 设计师怎样才能创作出独特的色彩搭配和系列图案？
3. 纺织品印花图案设计师如何设计出独特与创新的图案？
4. 为什么说参考历史和复古设计风格对纺织品印花图案设计师很重要？
5. 设计师如何平衡商业可行性与独创性及创新性的关系？
6. 随着技术的进步，纺织品印花图案设计师所扮演的角色将是怎样的？

# 专业地工作

　　每年，纺织品印花图案设计专业都有成千上万名毕业生要面临就业问题。而在竞争日益激烈的背景下，找到一份合适的工作似乎也不是一件很简单的事。本章的目的是提供一些实用的建议，希望能通过这些建议最大限度地增加就业者的就业机会。如果你打定主意以印花图案设计作为毕生的职业，那么你就要仔细思考——在学校课程之外还可以做些什么。甚至是在上学时你就应该主动开始进行一些校外实习，而不仅是满足于学校的教学内容。

　　一本好的作品集对你来说也非常重要。它不仅可以展示你的设计能力，还能显示出你对纺织品印花图案设计行业的工作方式的了解。

　　一旦找到工作，你将开启一扇不同寻常的职业生涯的大门。纺织品印花图案设计师可以是自由职业或受雇于某一家公司，也可以是两种工作方式兼顾。在刚开始进行设计工作时，也许你很难选择更适合你的工作方式。因此，在本章最后的部分会涉及这方面的问题，阅读后或许能帮助你进行选择。

# 系列图案

**右图：**

右边四个设计在一起组成了一个系列图案。

设计师经常会进行系列图案设计而非单品设计，因此会对一组图案的颜色、内容、外观效果、风格和最终用途等方面进行整体的设计。虽然创作一幅个性化图案的能力不容忽视，但对于潜在的雇主和客户来说，他们更希望看到你的系列图案作品。除了一些小工艺品或设计师的手工精品外，不论对于何种商品，工业生产的产品几乎全部都是通过每年推出的系列图案来进行销售的。系列图案是产品的核心，因此产品表面的印花设计往往成为主导系列产品风格的重要组成部分。

通过阅读本节，你会知道何为系列图案？本节还会提供有关系列图案设计的实用建议。你在工作时可能会面对纸张、面料或是用计算机进行设计，它们有各自不同的要求。但对于印花图案的系列设计来说，最重要的是去考虑如何成功地将一个独立图案元素应用到系列图案中。

**细节不仅仅是细节，细节成就设计。**

—— 查尔斯·伊姆斯（*Charles Eames*）

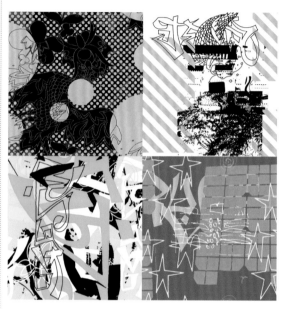

### 何为系列图案？

系列图案是一组具有相同主题和概念的图案。每个系列的数量都不相同，但通常包含八种以上的图案。有时，两个或两个以上的图案也可以成为一个系列。一家公司不仅可以在其涉猎的不同产品中使用自己的印花图案设计，如在春夏季节的泳装系列或者文具产品中使用，也可以将这些印花图案设计通过代理商独立出售。大多数专业的工作简报往往都要求设计师进行系列图案设计而不是个性化的单品设计。

### 色彩

系列图案一般会使用相同的色板，但并非其中每个图案都会用到色板中的全部色彩，但它们一般会使用相似的配色。例如，当明亮的色彩作为设计的主色调时，那么系列中的其他图案也会采用这种相似的色彩感觉。完成配色后，你会发现颜色可以将系列变得更有整体感。

### 内容

系列中的每个图案都应有相似的内容，而这些内容一般会和你设计的主题或使用的灵感相关。如果你正在为同一家公司进行系列设计，只要得到许可，那么可以在多个图案中使用相同的元素。但如果你是自由设计师并且会出售你的系列图案，那么应该保证系列中每个图案内容的唯一性。例如，你在一个图案中绘制了叶子纹样，那么在另一个图案中最好不要再画一模一样的纹样。

### 风格

系列设计应该有一个总体的风格。像内容一样，风格也与设计灵感和工作简报的要求有关。因此，风格和内容是密不可分的。此外，还要注意在系列图案中不要有风格过于突兀的设计元素。

### 外观

呈现系列图案的外观效果有许多不同的途径，最常见的方法是按照工作简报的指导来进行。有时，系列图案的外观效果呈现方式也与单品使用的媒介有关，如图案最终是呈现在纸上、面料上还是数字媒体中。不论以哪种方法，关键在于让这些图案最终的外观效果呈现出整体感，让人感觉它们是一个完整的系列才算是成功的设计。

左图：

图中的几个图案使用了相同的色板，但每个图案的内容又各具特色，其灵感来源都是相同的。

系列设计入门

从多方面来看，进行系列设计比进行单品设计更轻松。当设计师陷入单品设计进展困境时往往会到系列设计中去寻找解决办法。本节会着重介绍一下在开始最终的系列设计之前需要做的一些准备工作。这些步骤可以帮助你更合理地安排时间，提高工作效率。

*色彩*

对许多设计师来说，确立色板是进行系列设计的首要任务。如果你是使用颜料来工作，那么可以将所需的颜色事先调好，这样可以极大地提高工作效率；如果是用计算机工作，那么可以先在软件中（如通过用Photoshop®或Illustrator®软件）将需要的色板设定好，目的也是提高工作效率。色彩搭配方案可以是在工作简报中所确定的，如果简报中没有提及，那么最好在系列设计前自行设定好要使用的色板。虽然在实际的数码印花中并不一定会用到这些色板，但它可以为设计方案提供相对明确的色彩范围。特别是当工作简报中提及色彩设计时，你更需要准备好配色的色板。请必须记住：色彩不但能呈现出图案的独特风格和气氛，而且对设计版权有着至关重要的影响作用。

右图：

这些元素都是由各异的设计方法发展而来的，用于构成一组系列图案。

右页图：

图案终稿是由第140页的变化元素设计而来的。

### 灵感

获取系列图案的创意灵感是研究过程中的必经步骤之一。如果这一系列涉及许多图案，那你就要确保收集到足够多的材料以用于系列设计，其中一些关键的图像资源能够信手拈来，并定期对照工作简报检查自己是否切题。对于许多专业设计师来说，设计的发展阶段并不是作为实体而真正存在的，他们往往会从灵感径直到完成最终设计。当然，这需要通过不断练习才能做到，有时这也是因为设计时间的紧迫而造成的。有些设计师会以这种方式创作出比工作简报所要求的更多的图案。为了保证质量，设计师最终会对系列图案进行一些缩减。

### 元素/内容

虽然可以针对每个图案依次进行创作，但设计师一般喜欢以系列为工作单位进行整体设计。在开始之前，你最好尽可能多地将需要的内容准备好。例如，如果是用计算机进行设计，那可以在开始前把自己的手绘图用扫描仪输入计算机，然后将不同的元素与手绘图进行组合，观察哪些元素放在一起更可行。采用这种方法时，你一定要注意设计的平衡，要为自己留出足够的试验和反思的空间。因此，在设计过程中你要有出色的判断力，如果现有的内容不够用也不必畏惧加入新的图案内容。确保最终图案风格的正确对你来说非常关键——在这一过程中所使用的元素都必须体现工作简报所要求的设计风格。

**作者贴士**
**摆脱困境**

无论经验多丰富的设计师都有可能陷入过无论怎样设计都不正确的困境。有时是因为没有找到灵感，有时是因为视觉元素呈现得不够完美。面对这种困扰，优秀的设计师会学着在困境中工作。此时你需要的是不停地工作，而不是去担心设计结果的好坏，虽然这听起来很难。

这样做的好处是，你将因此而获得更多的设计方案。例如，你为自己设定一个目标：在1小时内进行50张效果图的绘制。也许最终许多效果图并不完美，但其中一些必定可以为你指明前进的方向。如果这些效果图都不能让你满意，那么可以尝试一些完全不同的方式（如用另一种媒介再试一次），然后再回到第一个步骤之后。几乎所有人都会在设计过程中遇到停滞不前的状况，如何能将自己从深陷的困境中尽快摆脱出来也是设计的能力之一。

### 产品和效果图

如果你知道所设计的图案是用在哪种产品上，那么该产品在一开始就应该成为设计过程的一部分。如果你有系列产品的图可以参考，则更便于图案的设计。如果没有图片，那最好通过绘制产品效果图的方法来明确图案的应用方式。如果不能确定图案设计最终用在何处，那你可以去选择几种适合的产品对其进行图案设计，这种情况非常适合用来进行相同产品的系列设计，就如同你可以在同一个服装廓型中展示多种图案元素。

当然，有些人只习惯关注技术，他们会问"怎样做"，而另外一些好奇心更强的人则会问"为什么"。就我个人而言，我更看重信息所启迪的灵感。

——曼·雷（Man Ray）

设计编号: arthd001a　　重复: 60cm × 60cm
　　　　　　　　　　色号: 7（6+1的基本色）

## 图案索引

如果你正在为公司工作，那么公司一般会有自己的图案索引系统；如果你是自由职业者，那你必须制定自己的索引系统；如果你是学生，则更要养成制定图案索引系统的习惯。图案索引系统可以帮助你更容易地描述图案，从而更方便进行设计交流。此外，它还能帮助你为设计工作分类。例如，你可以使用参考代码作为文件名来保存设计，而具体的操作和分类方式可以由你自己决定。更重要的是，每个图案都应有自己独特的号码。一个系列的图案则通常会按照连续的编号命名。

## 创建系列图案

在这一阶段，将要确定你的图案系列是印在纸张上还是纺织品上。这一环节可能要取决于工作简报或者工作环境。假如你是在家工作，并由自己确定一个工作简报，那么在面试前你可能会感觉到自己的作品集有差距，担心自己会因缺少接触到丝网印花设备的途径而处于劣势。其实不必恐慌，许多行业内的从业者都不曾直接接触到面料。同理，一些设计师总会同面料打交道——一些设计工作室的作品都是在白坯布和样衣上完成的。

除非你有特殊要求，一般来说，最终的系列设计必须以其实际的尺寸呈现出来。也就是说，如果你设计的图案用在服装上的尺寸是50cm，那么印在纸张或是面料上的尺寸也应当是50cm。如果这是一个2cm×2cm的重复图案，那你至少要展示5cm见方的一块面积。如果你在开始设计时就使用了矢量软件（如Illustrator®），那图案就可以按照完整的尺寸进行绘制。另外，当你的设计图需要被打印出来时，你要注意：如果使用的是位图软件（如Photoshop®），除非有特殊要求，分辨率的设定不要低于300dpi。

如何呈现最终系列？这个系列是由哪些部分组成的？无论是基于纸张或是织物的印花图案，最终的系列主要取决于工作简报的要求。在本书第149页有这方面的详细介绍，而以下则主要是针对以纸张或面料为基础的系列图案如何创建最终设计方案而提出的建议。如果你被要求用数字软件设计系列图案（如客户想要电子文件而不需要打印出图案或者印制出面料小样），那么这种系列设计其实与在纸上进行创作一样，但下面我也会对此提出特别的建议。

**上图：**

图为第148页家具设计的方案，（用细节）展示图案的重复结构、色彩搭配、色板以及最终的使用效果和相关参考数据。

#### 绘在纸上的系列图案

在纸上设计的系列图案可以通过手绘或数码印花的方式实现。虽然有些系列往往以结合技术作为主要特色，但具体采用哪种方式也是由图案本身所决定的。在一个系列中的部分图案可以完全用数字技术来完成，而部分图案也可以通过手工的方式绘制。例如，你可以将手绘的图案扫描到计算机里，然后将色彩进行数字化处理并打印出来。

这个系列图案应该包括色彩搭配方案和呈现在终端用户面前的效果图。如果是重复图案，还应包括这个图案的延续效果图，在每个方向上一般要有2个以上的单位重复。有时，你需要提供配套的设计或者色板中每种颜色的小样。如果你做了其中的几项工作，希望你能把这些附属内容都保留到最后，即便你承担的是主要的设计工作也同样如此。你还应该设计一个用于展示的版式，把这些内容都体现在整体系列之中。

#### 印在面料上的系列图案

对于面料上的系列图案，我们可以采取许多不同的方法。印花过程有时会在最后一步进行，而之前设计师可以在计算机上进行创作。还有些情况下，设计师会用手工的方式去进行一些操作，如设计师会使用提前制作好的印版进行印刷。很多设计师会参与到这个过程中。如果设计的是丝网印花，那么会事先按照配色方案将需要的颜色调好后用于整个系列的印刷。

纺织品印花图案设计在面料上一般会以样品和样衣两种状态呈现。样品就是将设计图案在织物上印出一个矩形样式。这在进行室内家居品设计和服装设计时比较常用。样衣则是一种对服装的简单模拟，常用于服装系列设计。

与基于纸张的图案相比，针对面料的图案有一定的规模且常伴有数字文件。效果图和色彩板在面料系列中相对少见，但会创作出更多不同色彩搭配的样品。如果设计中有重复的图案，那么样本也需要尽可能地加大尺寸来明确显示出这种重复设计。

#### 数码系列图案

数码系列图案同纸张的图案一样有相同的内容。设计师以这种方式工作时需要仔细检查文件的格式是否正确，还要注意是否在开始进行编辑时就已设定好准确的尺寸。一些具体的图案要求往往取决于工作简报，也可以通过Photoshop®等图形处理软件将每种颜色分别做成单独图层或是将图案在两个方向进行两次重复。

即便你不用将系列图案印到纸张或面料上，还是要求将创作的系列作品集中打包展示（如通过PowerPoint®软件展示）。

# 作品集

　　为了在纺织品印花图案设计行业中开始职业生涯，你在求职前需要准备好个人的作品集。无论你最终想进入设计公司或是一个代理机构，作品集都会有助于你得到自己期望的工作。

　　关于作品集，有两点需要注意：首先，内容是作品集的关键，你要通过它来展示你独特的设计能力。因此，作品集中应清楚表明你的优势，让你可以向潜在雇主或客户证明你了解他们的需求。

　　特别重要的是——这也可能是学生作品集中最容易被忽视的——在作品集中，你一定要展示出你可以用不同方式来进行设计。

## 什么是作品集？

　　作品集可以帮助你更好地求职。当你在应聘或向其他公司出售设计作品和设计服务时，作品集都很实用。如果是在面试中使用，作品集可以展示出你的设计技巧。如果是为销售服务或是用它来寻求代理商，那么对待作品集的态度足可以反映出客户的需求。

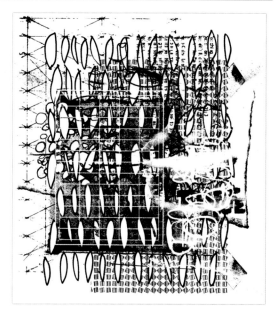

　　在使用作品集进行销售和求职时，最重要的一个方面是：它必须做得非常专业并能展示出你最佳的工作优势，使观看的人能很快发现你的才华在何处，而不会为过于简单或过度繁琐的内容分散注意力。因此，制作一个完美的作品集对你来说是非常有价值的投资，最好能达到足可用几年的好质量。

## 作品集的制作要点

在制作作品集时要尽量使用白色背景，这会使整体看起来协调且简洁。适当留白，不要把每页都排得太满。尽可能使用相同尺寸的页面，并使其保持正常的顺序，让所有的内容按照一致的方向排列。横竖交叉的排列会让人在翻阅时感到不舒服。A3或稍大的尺寸在服装图案设计中很常见；室内图案和家居图案的尺寸则会更大一些，常使用A1大小的对开尺寸来制作作品集。如果作品集中包含文字，那么你要限制字体的数量并控制好字体的大小。此外，你还要记住，作品集的展示重质不重量，并非要将你做过的全部工作都展示出来，而是要选取那些最好的作品。因此，那些不太令人满意的设计大可不必放入其中。

确保作品集制作的形式可以轻松添加或删除内容，以便于编辑。因此，在设计册页时可以不编页码或采用双面打印的方式。但也有例外，如当这个作品集只是为了展示工作而收集的一些设计，而并不是用作个人能力的展示，这时你就可以将它做成数字文档并在需要时随时更新。如果作品集是手工装裱的，那么一旦有磨损，你要重新进行装裱。当然，装裱的目的也正是为了保护设计作品。

确定了作品集的形式后，在制作时要力求统一。只要效果好，将手绘作品和数码作品放在一起也可以。但一定注意，放在一起不能显得过于混乱。若使用数字技术制作时，要利用自己熟悉的软件。如果不会使用软件，千万别在面试前现学。做一个基本的模板样本，高质量地（最理想的是使用喷墨式打印机打在铜版纸上）打印出来。如果你是用手工制作，那一定要选择好用的工具。例如，使用锋利的刀进行裁切，要确保制作的每一页都准确对齐。在制作过程中，要仔细检查才能达到最好效果。

在你的作品集中，不要过多展示他人的设计以避免版权问题。如果需要，最好只在灵感来源中作为例子引用。即便是使用图片，也最好选择占用版面小的而且同时标注文字予以说明。切记，永远不要将别人的设计当作自己的作品。

整合素材会花费你很多时间，因此不要在最后需要时才开始动手准备。你的作品集应该经常更新，加入新的设计。但要注意，在作品集中不要加入过于个性化的设计。因此，当你有充裕时间的时候尽量做好充分准备，不要让拙劣的介绍阻断你的工作机会。

右图：

图中是一个
64cm×64cm
（25.1in×25.1in）
的局部重复图案，
以侧边和底边各
6cm（2.3in）的尺
寸打印。

## 提交工作文件

　　印花图案设计师经常需要将工作方案打印成文件，无论是最初的艺术创作还是最终高品质的印花图案都应在纸上打印出来。广义上说，你可以使用两种方法制作工作文件：如果展示是为了在贸易展上出售图案，或仅仅是为了求职去显示你的图案设计能力，那么可以不需要展示设计过程而只是呈现最终的设计方案；如果要求展示设计过程或者你所应聘的公司希望你能提供一些图案设计以外的技能，那么你应该将设计过程以直观的方式在文件中呈现出来。

　　这种类型的介绍一般可以使用塑料册页夹。在夹子开合处，纸张能够轻易地从一侧滑动到另一侧，也可以让对方能抽出他们感兴趣的任何页面。

### 呈现最终设计

装裱的方式有很多，以下几点可供你参考：如果设计尺寸比A1小，那么装裱时四周可以留出边框；在一个折页中，尽量不要出现三种以上尺寸的设计图，一般放置一两张图片比较好；如果作品集比较大，可以考虑用折叠的方式制作，最好使图案局部可见并能方便单独拿出来展示。

如果你是用计算机处理设计，那么最好使用铜版纸或卡纸进行打印（一般最好用165gsm以上重量的纸张），并且打印时可以在四周留一个窄边。如果需要打印较大幅宽的设计而打印机尺寸不够，你需要整齐地将打印出的部分完美组合到一起。但这个过程相对比较费时和繁琐。如果条件允许，尽量找到一台可以打印大尺寸的机器进行制作。在没有特殊要求的情况下，一般会使用喷墨式打印机在亚光铜版纸上印刷。如果你有许多文档需要打印，那一定要注意打印时间和成本。如果设计图的背景是白色或浅色，那么打印时可以在需要的边界处设定一条细黑线，这样裁剪和装裱时更方便。

## 装裱材料

　　如果你是手工进行装裱或要求使用数码装裱，那么最好使用纯白色的光滑纸张或者薄卡纸。尽量不使用泡沫板或装裱板，因为它们不仅会增加开支而且过于厚重。但也有特例，如果你需要准备一些便于人们直立观看的展板，那可能就需要挑选厚一些的材质。如需将文件裁切成所需大小，你会用到金属的尺子、裁纸刀和裁床。当你使用这些工具时，要注意尺子在裁切时最好覆盖住你想保留的部分，这样才能确保不会误裁掉重要的内容。如果作品不必裁切但是看起来略显简陋，那么你可以重新加固边缘，这样会让它看起来更精致。例如，用质量好的宽双面胶带贴牢作品的背面四角和边缘处。如果你想重新装裱设计，那么可以使用方形的纸作为背景或为设计的四角贴上塑料的材质。但不论你以什么方式装裱，都要注意不要影响到设计本身。

## 其他的注意事项

　　纺织品印花图案设计师在为家具或室内装饰设计时在设计稿正面一般只画图案。有时在家具图案稿的背后附上色板作为每个主题色彩的色卡。同时，图案稿还会在背面呈现一两个配色方案（多是按原图案整体或部分缩小），以及一张效果图和一个2cm×2cm的重复图案。这些一般都会以相同的10cm左右大小排版。如果你是用数字技术处理文件，那么可以把这些加到介绍的后面去。在排版时，要特别注意这三种内容的尺寸和放置的位置。

右图和右页图：
　　图中是约赛亚·什达莱克（Joasia Staszek）设计的图案，将室外布局的一些元素和艺术导向置于纺织品的语境之中。

　　如果你是制作服装设计等与时尚相关的图册，那么配色方案、样式图和2cm×2cm的重复图案一般会放在设计下方。如无特殊要求，也并不需要注明色号。而样式图也并非是详细的印花效果图，它可以是简要表现印花效果的平面图。与室内图案设计相比，这种服装图案设计图尺寸较小，一般8cm见方就够了。如果设计背景有白色空间，可以在四周设定细黑线，以确保每张图能裁切成相同的尺寸。如果你正在为其他行业如礼品做设计，可以考虑把这种方法用到正在进行的工作中。

## 整体项目报告册

有时，你可能要对灵感来源和设计的思路做详细说明。虽然你的设计形成原因很多，但最需要提供的是能使雇主或客户对系列图案更有信心的理由以及可以成功完成工作简报的那些理由。从专业的角度上说，只有你对设计过程最感兴趣。因此，介绍和讨论的重点最好能围绕你在应对工作时所具备的印花图案设计能力上。如果谈论到如何发展构思的问题，你可以给出过程中的一些细节，但重点还要放在最终的图案上。出现这种情况的例子可能会发生在找工作的过程中。作为招聘的一部分，招聘公司可能会给应聘者一个测试。这时，将一些设计灵感和设计开发工作的过程作为对最终图案的补充是非常有用的。

虽然工作简报的内容各不相同，但一般来说，项目报告都需要涉及下面几个方面：灵感、配色板、面料图案、生产指导和最终的图案系列。有时可能还会包含对图案最终用途的说明。虽然你可能无需按完整比例展示最终图案，但可能需要在整体项目报告中做一个缩小比例的图案样本。此外，整体项目报告中还可能包括市场调查、客户资料、技术信息等。而整体项目报告册本身最好也有一定的风格，使其能更好地反映系列图案的主题。

整体项目报告册的形式可以是手绘或数码，又或者是两者混合使用。你还可以放一些你采购的或设计的面料小样进去。

有时，可以将塑料打孔后再用铁环固定来制作整体项目报告册，而横向的格式比纵向的格式更常见。报告中的文本字体和大小最好与图案项目风格相统一。你可以使用某种风格的字体作为标题，用比较简洁的如赫尔维提卡（Helvetica）或阿瑞奥（Arial）作为正文字体。但不论使用哪种字体，切记要让人易于辨识。如果你是用手写文字，那一定要确保字迹清晰。除非你制作的是流行趋势报告或者一本书，否则可以不用标注页码，这样在进行增减内容的时候就不会有打乱序号的问题。

### 电子文件

　　如今越来越多的设计师喜欢用电子文件来展示作品。例如，设计师会用幻灯片来播放有特色的图片或者将文件压缩成文件包，还会使用一些排版软件如InDesign®编排他们的作品。因此，你需要首先确保你的文件能够轻松打开，这样才能使你的作品被尽快看到。如果对方需要下载软件或者要在看过一段毫无意义的介绍性动画后才能查看你的作品，那很容易使对方失去耐心。特别是当他手上还有另外30份应聘材料需要看时，你的文件可能因此被忽略。

　　如果你是采用电子文件的方式完成作品集，下面三种途径都会对你有所帮助：首先，你可以用PPT制作一个简单介绍。其次，你可以把一些文档和图片用CD光盘进行存储或是用PDF制作一个电子作品集。最后，你可以制作一个网页，将相关的工作和设计放到上面。这可以是完整的设计网页，但现在也有许多设计师喜欢使用个人博客。如果你正在网上找工作，那么这将是一个最简单的方法。

　　当你打包文件或者在网络上放置设计作品时尽量不要使用完整尺寸，可以放置局部图片。这些图片最好打上水印，如名字、版权符号或文字以及创作的时间等。这部分在Photoshop®中可以用透明图层的方式进行制作。这样，人们既可以在屏幕上欣赏你的作品，也会避免作品被盗用的风险。

### 织物样品和样衣

　　如果你完成了纺织品上的最终图案创作，一般可以用两种方法进行展示。第一种方法比较简单，就是制作一个织物样品。但如果你从事的是时尚行业，一些面料设计工作室经常会用另一种方法。在为一些潜在客户展示设计时，他们往往会用制作样衣的方式展示面料设计。例如，将织物简单裁剪成形，做成特定的服装款式等。

　　不论采用以上哪种方式，面料都应该按照本身的设计尺寸进行展示。虽然工作室会用有轨衣架或特定的架子来搬运数以百计的设计，但保存或运输时还是会按系列精心卷起后放到盒子或箱子中收纳。你应该保存扫描图片或者质量好的织物样品图片，并可以把其中一些图片放到网上展示出来。

> **技术使设计更精彩，无论是色彩、纤维或面料都不能缺少技术的参与。**
>
> ——大卫·布莱斯塔（David Bromstad）

## 样品

纺织品样品一般会以样卡的方式展示。样卡是固定在一个条状的卡纸上，织物的顶端插入卡纸折叠的缝隙后再与卡纸钉在一起。做好的样卡上会安装挂钩，这样大量的样卡就可以挂在轨道上进行展示或者储存。你可以将样卡设定为相同的高度，一般是8～10cm高，而宽度则可以设定成一致的尺寸或者略有不同。制作样卡的卡纸也应该具有足以支撑织物重量的硬挺度。虽然一些工作室多用自己的品牌标志来制作样卡，但还是建议制作样卡时选用纯白色卡纸。有时，尺寸比较大的样品会被对折后放到样卡中。一般的面料样品不小于A4大小，但像家具面料等带有重复图案的较大面料样品的尺寸会相对大一些。

制作成样卡的面料边缘一般会被仔细修剪以使相临的每个边都保持垂直。为了使样品的边缘不要过于毛糙，一般会在面料背面烫衬后从中间取样。而有些设计师会用质量好的透明胶带代替衬布，有时也会对样品进行锁边或卷边缉缝处理。另外，将面料连接到卡纸的方法有很多，其中最简单的是用强力双面胶带进行固定。

如果纺织品不是透明的，那么图案的编号一般会贴在面料背面或样卡上。除编号外，样卡上有时也会有一些技术信息，如使用的印刷技术和染料等。

## 打样

打样是为了能给人提供更多印花纺织品使用的建议，一般会用两种或两种以上的面料制作成类似服装的样式。目前，面料打样没有固定的格式，但一般来说，至少会使用两种不同的面料并进行一些细节处理和裁剪工艺。打样的风格会影响纺织品图案的效果，而有时也会故意将面料做褶或扭曲来进行展示。虽然一般打样都采用基本的工艺处理，但应注意不要影响到面料的质量。如果你需要用打样的方式来展示图案，那就需要具备比较好的缝纫技术。

根据打样的成品状态可以选择做成样卡或者用衣架悬挂。当然，样卡或者面料背面最好能贴上编号和说明性文字。

# 工作的世界

**上图：**

该图案来自露西·奥勃良（Lucy O'Brie）的自由系列。

当你想成为一名专业的纺织品印花图案设计师时，认真审视自己的实践和工作方法可以帮助你更明确自己究竟更适合于这个行业的哪些工作。开始也许不容易，但你一定要向潜在的雇主或客户展示你可以向他们提供的一些服务。如果你能找到那些让你感兴趣的工作那将是最完美的，但其实对你来说，在职业生涯初期的任何经验都非常有益。

虽然你可能会有非常明确的想法，如是专为男装做的图案设计，但其实应该使你的印花图案能适用于尽可能多的产品。

### 自由设计师与专职设计师

当确定纺织品印花图案设计师作为你将从事的职业后，接下来就需要决定是做自由设计师还是去公司求职做专职设计师？实际上，许多设计师在其职业生涯中也经常在两种角色中转换，有些人甚至两种身份兼而有之。因此，你要自己决定想为谁做设计，以及想以哪种方式工作。

### 专职设计师

专职设计师一般指那些为某一公司和设计工作室服务的设计师。一般来说，你会按月领工资，雇主会为你缴税；你可以享受国家提供的养老金或其他福利；为雇主工作可能会有确定的工作时间，且一般都会比较长；你有权享受政府规定的基本工资，并拥有病假、产假等公共假期。

作为一名新人或者正处在实习阶段的学生，你会感觉刚开始时工作还比较有条理，随着经验的增加，你的工资也会有所增长。当你准备好并愿意承担更多责任时，也许你所在部门的晋升机会也会随之到来。如果没有晋升，那么这也许是跳槽的好时机，你可以寻找新的雇主为你提供职业发展中能够进一步提升的工作岗位。

对很多人来说，有一份稳定的收入和相当明确的职业发展路线是选择专职工作最重要的原因。然而，在纺织行业中任何工作都涉及一定程度的协作，团队合作能力对雇员来说是非常重要的（这有可能在面试中进行考查）。

## 自由设计师

自由设计师一般会通过代理机构或者工作室开展工作，有时也会直接与客户打交道。一般情况下，自由设计师的主要收益来自出售设计作品或委托设计工作而获取。此外，工作室也会付给自由设计师一些预付金。作为自由设计师，你要负责为自己记账、与你的代理商或客户结账以及其他所有的事务管理。每天的工作时间由你自己决定，大多数自由职业者需要工作很长的时间，尤其是在项目刚启动时。

虽然有些自由设计师直接面对客户，但更多的还是找代理机构来销售设计。为客户或代理机构做项目的自由设计师都需要去制定工作简报。一些代理机构可能会为你的工作提供更大的发挥个性的空间以利于投机销售。这就意味着，相比被雇用而言，你将为范围更广的市场和终端用户工作。自由设计师可选择的工作有许多，很多代理商和工作室经理曾经当过自由设计师。

自由设计师需要具备强大的自觉性，特别是当你在自己的工作室或是家里工作时。对一些人来说，这种工作方式是寂寞和孤独的。你可能需要花一些时间才能有收入。当你开始进行一个项目时，有时还需要另一个项目来为此项目支付一定的开销。为此，许多自由设计师开始选择转行为专职设计师，但也有些人毕业后就直接选择这种自由工作模式。

**上图:**

自由设计师有时也会与一些公司合作，如古润乃弗（Graniph）品牌。

**简历或履历**

在你的职业生涯中，花一些时间做一份好的简历十分重要。简历最好能随着经验和技能的增加而定期更新，并且最好准备几个不同的版本。特别是在你刚毕业开始找工作时，至少应该准备三份不同的简历——一份是为应聘服装图案设计师的，一份是为应聘家具图案设计师的，还可以准备一份针对流行趋势预测方面工作的简历。有时，你可能被要求填写一份申请表而不是递交个人简历，但其中涉及的内容基本上都是相同的。

你要尽量避免简历中有拼写和语法错误，因为这会导致应聘方直接将你淘汰出应聘行列。最好不要依赖任何拼写检查软件，而是要逐字逐句地通读或者请其他人再帮你仔细核对一遍。除非有特殊要求，一般来说，简历是用A4纸打印。简历的版面布局最好清楚明确，这样才能使人在阅读简历后能明确地获得需要的信息。如果你的简历会在网上提交，一般可以使用WORD格式保存简历，有时也可能会用到PDF格式。值得注意的是，需要当面提交的简历最好选择高质量的纸张进行打印。

## 找一份你喜欢的工作，等于每周多得5天。

——H. 小杰克逊·布朗（H.Jackson Brown.Jr.）

简历的排版也应该能体现出身为设计师的风格，应该精心设计并使文件易于浏览。简历的文字和标题尽量使用统一的字体和字号，甚至在求职信和所附的图片文件中也使用相同的格式。字体的选择尽量易于阅读，而文本最好是白底黑字。一般简历或履历应该包含如下的信息：

*联系方式和个人信息：*

这部分信息要包括你的名字和地址。如果你现在仍未毕业，那最好留一个长期固定的住址，如父母的家庭住址等。其次，要包含你日常使用的电话号码和会定期查阅的邮箱地址。如果你将自己的作品上传到网络上，那也可以将网址写在简历中。有时，你的出生日期和国籍也可以写在这部分内容中。

*能力概述/个人档案*

这部分内容可以归结为几个要点或者50字左右的简短说明，最好能简要描述你的一些关键的能力和信息。重点是，这些信息必须和你应聘的公司或职位有关。

*职业目标*

在这部分，你要简单明了地表明你所需要应聘怎样的工作或者具体想申请哪个职位。关于职业目标这部分在前一节中曾提到过。

*教育经历*

这部分一般会按照时间倒序排列，因此，最先列明的可能是刚获得的学位和教育经历。在书写时，一般分为三部分：学习的时间，学校名称和地点，获得的学位和学历。注意，只需简单写出具体信息即可。

*受聘情况/工作经验/工作意愿*

有时也会将这部分内容再进行细分，但刚开始制作简历时，你可以将此部分合并填写。工作经验与教育经历一样按照时间的倒序排列，一般包括：工作的时间、工作单位的名称和地址、工作的职位和工作内容。你曾经的工作领域有可能与纺织行业无关，但如果你认为这一经历可能会使未来的应聘公司感兴趣，那么也可以将其列出。如果你是自由设计师，可以在简历中列出服务过的客户名单。这对于自由设计师的求职简历来说非常重要，有时甚至可以将某些重要客户单独列出。

*其他技能/信息*

在这部分，你可以将一些自己具备的其他能力列出。例如，操作各种软件的能力、纺织或缝纫技能、一般的绘画和设计能力、语言能力和驾驶资格证等。如果你曾经在一些比赛中入围或取得名次，也可以在这部分内容中列出。

*兴趣爱好*

在这部分可以简要写出你在业余时间喜欢做的事情，包括一些有趣的细节和涉及的责任等。

*推荐人*

推荐人一般是指两类人。其中之一可能是你之前工作单位的老板。如果你是刚毕业的学生，那么推荐人可能是你就读院校的老师。请记得将推荐人的姓名、职位和联络方式写清楚。如果你递交的是专门的申请，推荐人的名字可能不必写出，但如果对方需要则应能随时提供。

**获得一份工作**

刚开始求职时，找工作并不容易。因此，你需要有耐心并积极地去寻找。公司招聘的方式并不一定都是贴广告公开招人，有时也会存在一定的随机性。因此，一定的实践经验、突出的简历和完美的作品集对你获得职位都非常重要。

*作品集*

作品集是你找工作的核心，但也只是成功的一半，还需要让它被更多人看到。你可以将作品放到网页或个人博客中，也可以上传一些更专业的内容到一些图片网站等，这样会使你的作品更容易被查到。每个设计作品你一般可以放四张左右的图片，最好打上水印表明设计版权归属。你可以把网址写在简历或者求职信中。有时，在你刚开始进行求职申请的时候就会用到这种方式。除此之外，你也可以使用CD光盘来保存一些图片和相关介绍。

### 社交

有句老话说:"重要的不是你知道什么,而是你认识谁。"这一点在设计行业中更是相当基本的道理。因此,使用互联网联系和社交十分重要。可以说,你的联系人名单与你的作品集同等重要。你可以将那些交换来的专业名片进行分类整理,在交谈或通话中也可以记下对方的名称并最好留有对方的电子邮件。如今,越来越多的人使用电子社交网络进行工作。你还应该要经常更新内容并把一些最新的设计上传到网络上。

### 职位研究

实际上,寻找求职信息也需要费些时间。一般来说,这些信息会刊登在一些商贸刊物上,如英国的*Drapers Record*和美国的*Fibre2fashion*经常会刊登一些时尚行业的求职信息,如今也有许多公司会有专门进行招聘的网页。你可以将感兴趣的公司网页保存,定期去看一下网页上是否刊登一些招聘通知。此外,招聘机构也拥有很多的行业资源,会有一些针对零售商和创意部门的职位可以提供。

### 电梯中的自我推荐

当你与应聘的公司老板在一个电梯中相遇并且你只有两层楼的时间就要走出电梯时,你会告诉他你能做什么吗?许多毕业生的答案都在20个单词左右或更少。如果你都不知道自己能做什么或者什么是你所具备的特质,那你也无法对他人描述这些。

### 宣传你的图案作品

你要尽可能地扩大你的图案作品的使用范围。你可以去参加比赛或是在网络上多展示自己的作品,也可以尝试让你的作品登载在其他人的博客或者杂志与书籍中。也许有时你并不能通过这些方式得到报酬,但这些方式往往在一定程度上有助于你的工作,至少可以帮助你提升个人形象。此外,你也可以找人合作,共同宣传作品与创新设计。

### 求职信

当你向某些人咨询就业机会时,求职信或者电子邮件是比较通行的一种方式。一般来说,其中要包括三部分内容:要让对方知道你了解他们的公司;向其表明你想要求职的原因;阐述你能为公司带来的价值。这些具体内容要针对你所投递求职信的公司来写。

### 获得代理

刚毕业的设计师（或者那些准备做自由设计师的人）可能对如何获得代理充满疑问。如果找到代理人，便可以通过代理机构展示你的设计作品，然后由代理机构决定是否可以把你的设计出售给他们的客户。不同的代理机构所需要的设计不尽相同。有时，某些代理商认为有商机的产品在另一些代理商看来可能毫无销路。虽然代理机构会不时地在贸易刊物上刊登某些职位空缺的广告，但是收到的大多数投机性的求职咨询却并非为此而来。一些代理机构也有代理与他们初次签约的设计师的做法。如果你有这样的经验（而且还是正面的、积极的），那么你值得寻找一些展示你设计能力的机会。如果之前没有代理的经验，而且你又能够负担得起，那么，这种工作方式也值得尝试。

### 寻找代理商

首先，你可以草拟一份可能对你工作感兴趣的代理商名单。这些代理商的信息可以通过一些贸易展销会获得，他们可能是一些参展商或代理人，又或是自由设计工作室。但你要注意，有些参展商可能只展示自己设计师的作品而并不需要代理其他设计师的作品。常见的贸易展销会有法国第一视觉博览会（Part of Première Vision），法兰克福国际家用及商用纺织品展览会（Heimtextil）以及美国纽约国际艺术设计博览会（Surtex）。

一般情况下，在展会的网站上，你能够查到详细的参展商联系方式。如果可以，你最好到展会现场，因为这可能会为你寻找潜在代理商提供机会。在展会中，你可能无法与一些代理商直接沟通，毕竟他们的主要目的是在这里销售一些产品而且展示空间都是收费的。所以，如果代理商对你比较冷淡也不必太过介意。你可以从代理商销售的图案产品中来衡量是否符合你的风格。另外，尽量避免在这个场合向代理商展示你的作品。如果他们看起来比较清闲，那你则可以去递出简历或者去约一个可以再次会面的时间。

如果你不能去参加展会，那么尽可能去找一些相关的机构。例如，一些为针织或童装服务的代理商。如果你的作品集是与家具设计有关，那么这些代理商对你来说就不是很重要。此外，并非所有的代理商都会参加展会，有些代理商只会直接同客户保持联系。虽然有些网站看似可以为设计师提供一些工作机会，但一般作用有限。当你列好代理商清单后，最好能以国际的眼光思考，因为如今越来越多的设计师拥有不同国家的代理商。

**联系代理机构**

当你列好了潜在的代理机构的联系清单后，你就应该着手准备最初的接洽。由于有些机构网站会拒绝接受那些不请自来的超大邮件，因此，你可以选择按照下面三步来联系代理机构。首先，选择8~10幅比较满意的设计作品，可以将它们打印到A4纸上或存储到光盘中。其次，随作品附上一封求职信说明你了解这个机构并且希望你的作品能够满足他们的需求。最后，将你完美的简历附在其中。以上三个部分最好有统一的风格。

将作品、求职信、简历投递后，你需要耐心等待。不要指望一定有回复，如果该机构喜欢你的作品，一定会和你联系。这个过程可能会让人觉得十分烦躁和沮丧，如果几周后还没有回复，你可以试着鼓起勇气给代理机构打个电话，询问他们是否能再给你一个机会来看下你的作品，如约个时间看一下你全部的作品集。如果不能得到会面的机会，你最好询问一下是否还有些人会对你的作品更感兴趣。要知道，一次个人自我推荐的会面才是真正好的会面。

在极少数的情况下，你会立刻被雇用，但很有可能会立刻接到一个面试的邀请。当你带着作品集去面试时，一定要记住代理机构正在寻找可以出售给客户的商品。因此在面试和讨论中，你要表现出对当前的设计师和市场及流行趋势都有一定的了解。

**工资问题**

无论你是自由设计师还是专职设计师，在应聘或出售作品的过程中都会对报酬问题进行讨论。刚毕业的学生经常对薪资问题没有概念，但对于薪资的讨论确实会影响你今后的收入，因此还是需要有所计划。

如果招聘职位是登在广告上的，一般会给出具体的薪资范围。如果你是应聘一个职位，那么可能会在面试时讨论薪资的问题。还有一些公司会在提供给你职位的时候和你讨论这个问题，而这一般是提出增加薪资的好时机。如果在面试前没有提出薪资问题，那么最好在面试中以比较专业的态度提出来。但如果这么做，你自己也要心中有数。你的"网络求职搜索"可能会给出一些好建议，如果没有的话，那么去看一下类似职位的招聘广告可能会给你一些启示。

　　如果你和代理机构未签约，一般对方会按照固定的数额收取代理费。部分代理机构的代理费较少，因此如果你的设计能在展销会售出或顺利卖给客户的话就是最好的结果。如果没有售出，那么你就会有些许的金钱损失。大部分代理机构的代理费和抽取佣金的方式都相同（在本书第187页有关于这个方面的介绍）。如果你要与代理机构签约，那需要确保对方允许你为自己的客户服务，这一点最好与雇主或代理商在一开始就商量好，并写入合同。

　　如果你与一家公司有直接的业务往来，如为对方设计一系列产品，那么最好在工作开始前确定报酬。如果是比较大的项目，则可能在工作开始前就需要一定的启动资金才能顺利开展。你最好要求对方先给你打预付款或者在部分工作完成前分期付款。然而，你要知道，很多客户会认为只要工作做完你就可以提供发票。因此，如果你是用另外的方式，他们可能会有些许不满。此外，你还需要特别清楚你的工作职责是什么以及如何界定工作范围。因为客户经常会在一项工作完成后要求设计师进行一些调整。所以，一项工作协议完成后，一旦需要更改就要再次支付一定的费用，而并不要认为只是微调那么简单。

**左图：**

　　例如图中这幅由自由设计师设计的作品，一旦出售，代理商会抽取40%～50%的代理费。

右页图：

像位于阿姆斯特丹的阿姆斯特丹个人设计工作室会收集右图中帕特里克·莫里亚蒂（Patrick Moriarty）的设计作品在展销会上展示和出售。

## 贸易展销会

你会发现，去参观一个贸易展销会是了解行业工作的最佳途径。当你第一次参观时可能会非常迷茫，因此边参观边对展会进行研究很重要，这样你才能了解贸易展销会究竟是做什么的。

贸易展销会在行业内属于企业对企业的商业活动。许多展销会对参展商的资格会有严格的认证，但也有一些展销会比较自由甚至会为学生专门设定参观日期（如法国第一视觉展销会）。虽然大型展销会中的参展商范围非常广，但一般来说，展销会都会有一个针对生产过程的主题。

一般工作室、代理机构和自由设计师会对纺织品印花图案设计师非常关注。例如，法国第一视觉展会比较关注服装方面的纺织品印花图案设计，而像法兰克福纺织展则更关注于家居和室内设计。参展机构希望更多客户能在短时间内看到全部的产品系列，而客户也希望在短时间内能看到更多不同的作品和资源。因此，主办方会积极策划展览使双方受益。

> 设计就是将不同元素以最好的方式进行规划并用于完成特定目的的一项工作。
>
> ——查尔斯·伊姆斯（Charles Eames）

# 本章小结

　　作为纺织品印花图案设计的从业人员，你要按照工作简报来完成设计工作。这些图案设计最后形成系列，而每幅图案的色彩、内容、风格都与最终的使用目的息息相关。你最满意的那些系列图案可以做成作品集，这样你就可以通过作品集将自己全部的设计能力充分展示出来。一份有分量的作品集必须具备一定的行业意识，这样才会有更多的工作机会。

　　每位成功的设计师为了找工作都有过向他人推销自己作品集的经历。你必须证明自己可以胜任某个职位并且这个职位确实适合你，如此才能得到更好的工作。只有找到适合自己的正确方向，你的才华才能得以充分施展。

# 思考题

1. 与系列图案相关的因素有哪些？

2. 一位纺织品印花图案设计师如何开始系列设计？

3. 一本好的作品集需要具备哪些特点？

4. 怎样在作品集中展示独特的设计？

5. 纺织品印花图案设计师按照怎样的步骤才能顺利进入这个行业？

6. 自由设计师和专职设计师有何不同？

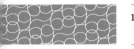 

# 技术事项

这是本书的最后一章，本章将重点讨论纺织品印花图案设计师必须要了解的实用性和技术性问题。本章主要分为以下三个部分。

第一部分集中探讨了为了能够帮助生产商进行设计，从业者需要了解哪些内容。一旦一幅印花图案完成后，还必须经过很多步骤才能把它们转移到服装或者其他的承印物上。文中以专业设计师的工作实例为佐证，帮助你更好地了解这部分内容，并且引导你顺利地开展工作，你应该有充足的信心能做得很好。

第二部分主要讲述了在印花图案设计工作中你所需要了解的若干指导原则和关于工作空间如何布置的一些建议以及你在其间怎样工作会对设计过程产生何种影响等。同时，这一部分还对数码科技和形式做了一个简单的介绍。

最后一部分则主要着眼于好的工作实践。合法的、健康的、安全的和可持续发展的问题组成了专业设计师在其下工作的部分框架。至于说合法的、健康的、安全的等问题也是你应该要了解的。在可持续发展思想指导下，你的知识和创新能力将成为就业能力的重要组成部分。

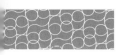
# 为生产设计

对生产过程的基本了解是必不可少的，其重要性不可低估。印花技术的生产要求在专业设计师头脑中如此根深蒂固，以至于已经成为了他们的第二天性——最明显的特征之一就是用有限的颜色去设计。对于设计师而言，悉心了解一个印花图案设计是怎样被具体地印制出来的确实是非常有必要的。如果是大批量生产，一旦你觉得生产样品与设计无差异之后签订了生产协议，那么纺织品印花图案设计师很可能在印花过程中就不再起什么作用。这就需要一个平衡。至关重要的是，你需要对印花过程有足够的了解，以确信你的设计能够完整、清晰地印出来。

我们正处于纺织品印花图案设计史上的一个非常有趣的阶段，因为数码印花技术的到来将会极大地改变纺织品设计从业者的工作领域。这是一件令人兴奋的事情，作为设计师，你可以去帮助推动数码印花技术的推广与应用。然而对你来说，在目前丝网印花仍然是最普遍的生产技术情况下，了解如何配合丝网印花进行设计仍是很重要的。

**右图：**

一台圆网印花机，随着面料从每个旋转丝网筛下面通过，丝网筛旋转并且有色染料从里面的小洞里被推到丝网筛上面，这使图案从圆网转移到了面料上。机器上每一个旋转丝网筛对应一个分色。

## 为丝网印设计

尽管数码印花技术开始变得越来越普遍，但是绝大多数的大批量印花生产还都是通过圆网印花生产的。建立整套圆网印花生产工艺是很昂贵的，但是在产量较大的情况下较之大多数的数码印花技术，它仍然是最快、最便宜的。鉴于此，它目前仍然是纺织品印花最主要的方式，但它的未来发展空间有限。随着数码印花成本的下降与速度的提升，数码印花技术极有可能会取代丝网印花而成为大批量生产的选择方式。

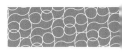

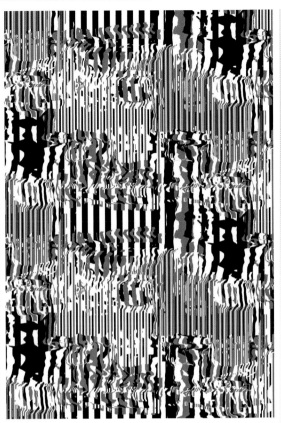

丝网印花过程通常要求设计中的每种颜色分开来印。因此，如果一个图案有红色、蓝色和黄色，这三种颜色都要有各自的丝网框。图案色彩中包含面料的固有色是相当常见的。套色印并不常见，这种印刷方法要经过预先设计：先印第一种颜色，然后与第二种颜色叠加得到第三种颜色。在先前使用过的例子中，红色印在黄色上面可以得到橙色。单个的丝网框可以印肌理效果或者平面的颜色，它能够印出相对更好的细节，但印不出色调的变换。如在图案中有三种相同蓝色的不同阴影，则每一种阴影都有一个相对应的丝网框。一个图案颜色种类越多，就要求越多的丝网框去印，其成本也就越高。

若要求生产重复的图案（大多数用于家具面料），这就需要既精确又恰当的尺寸。即使你要设计重复图案但工作简报中并未给出细节，你也应该能够马上理出头绪。恰如调色盘一样，一般从起点开始都是些常见的元素，重复的尺寸和结构也同样如此。

**右上图：**

有三个分色的丝网印花图案，黑色用一个丝网框印，灰色用另一个。白色在白色的面料上是不用印的区域或者是印在其他颜色的表面上。

无论未来如何发展，丝网印花工艺在以后的若干年中仍可能是占据举足轻重的地位。如果你想成为一名纺织品印花图案设计师，那就意味着你必须具备丰富的、可支持印刷生产的丝网印花知识。

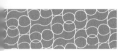

**右页图：**

小的黑白图像展示的是用于较大图案的4个分色。这种图像文件将被用于制造印花所需要的丝网版。

## 丝网印花的色彩分层

在图案行业里，由于每种颜色都需要不同的丝网框，因此你需要特别注意用哪些颜色以及用多少种颜色去工作。这就是为什么说调色板很重要并且在设计过程初期就要确定的原因之一。用传统媒介工作时，设计师通常在调色盘里混合或者说涂抹每一种颜色；采用数码媒介的从业者则会建立并使用一系列的色谱。这就意味着当用这些色谱工作的时候，他们就能够对如何印制该图案产生好的想法。虽然在创作多色图案后再返工去限制颜色（这用计算机做是很容易的）是有可能的，但最终前后看起来还是不同的，尤其是在采用颜色非常有限的调色板时。

一旦一个图案签约付印，颜色分层就要提前去做。在用特定颜色去印制的图案中，分层是必要的环节。因此理论上，一个双色的图案会分两层，每层都是不同的颜色，而一个三色的图案就有三层等。实际上，如果其中的一种颜色是白色（或者与面料是同一种颜色），那么就可以少用一层。白色的区域不需要去印；底色在图案中相应的区域会保留下来。有时可以先染，然后把颜色印在上面。

分层的过程在过去经常是用手绘（这是见习纺织品设计师的工作），这种层是一种特殊的半透明的草稿片子，多被称为柯达垂斯（Kodatrace）。首先，把柯达垂斯铺在设计稿上，第一层颜色的所有区域是不透明的，像水粉画画在上面，称为菲林片。下一张柯达垂斯放在设计稿上，描绘所有第二层颜色后用同样的过程使所有的颜色分好层，然后制作丝网框去印制图案。每一张柯达垂斯要标上记号，用以精确地互相对版，这些标记可以用来对齐各单张丝网框。如此一来，每种颜色之间就没有缺口或者重叠。

很明显，手工分层是一项耗费体力的工作，在工业生产中几乎是一成不变的。现在，分层可以通过数字技术来完成。如果图案稿不是已经存好的计算机软件格式，那么就需要用扫描或者拍照的方式为每种颜色分层。在一些图案设计中，这被视为设计师工作的一部分。工业生产中常用一些专业的软件程序去做分层，这类软件广泛用于图像的编辑。例如，Photoshop®软件和Illustrator®等软件。如果图案作品的颜色数量在设计初期就已经确定，那么制作过程就会特别简单。颜色分层后转化成丝网框，然后去印。对于圆网印花，通常用数码驱动激光切割机做，切成薄镍网后再去印。

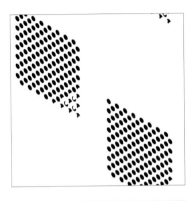

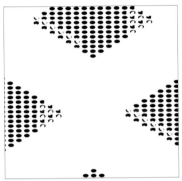

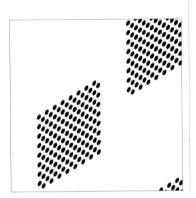

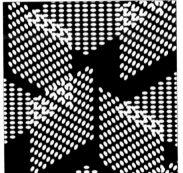

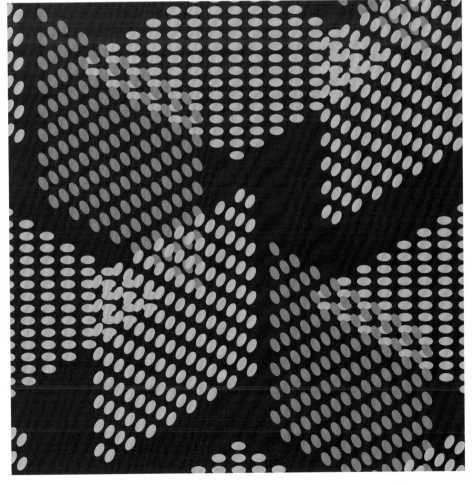

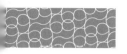

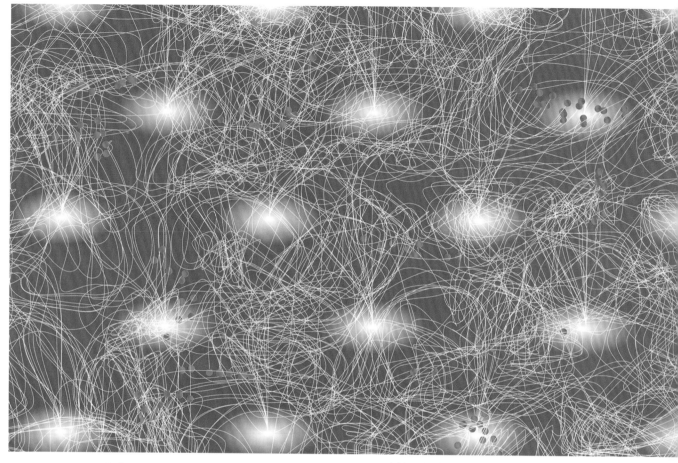

上图：

　　在一幅图案中，用数码印花做的色彩过渡，即从一个颜色到另一个颜色的有阴影效果的过渡，这在早期的印花方式中很难实现。

## 其他面料印花工艺的分色

　　有很多行业不用丝网印花或者数码印花而是用其他技术去印。例如，壁纸行业的设计师多用辊筒印花法去创作印花图案，即辊筒印花。这种工艺遵循的原理同圆网印花是一样的。每一种颜色要求有一个不同的辊筒或者阻印物，在一个图案中，同一种颜色的所有元素都需要分出来并且切成印刷面。与这种分色方式不同的是转移印，它会自动完成CMYK分色过程。

## 为数码印花设计

　　数码印花为纺织品印花图案设计的转变提供了可能性。历史将会证明：设计师和生产商在如何应用数码印花技术上会有很大的不同；设计师想要探索和发展新的设计途径，而生产商则会采取更为谨慎的方式。我们注意到，虽然经过了从辊筒印花再到丝网印花的技术变革，但许多图案设计的基本方法依然如故。

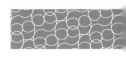

将数码印花技术应用在面料上，就免除了分色的要求。设计稿可以直接输送到打印机里并能打印出多种颜色。同样的工艺也可以用在以数字技术控制的其他印花形式上。将数字控制技术用在平板印花工艺上印制礼品包装材料和卡片就是这样的一个例子。期间，设计师必须辨别出任意专色。

数码印花在纺织品印花图案设计上将会产生深远的影响，它有可能让设计工作者摆脱限制颜色以及传统上重复图案的枷锁。然而，目前限制依然存在。这些限制在本书前面已经提到：在各类印花方法中，只有特定染料和颜料可以在数码印花中广泛应用。此外，在厚重的面料上印很透的颜色也很困难。同时，新技术的发展可能会拓宽印花的新领域（也可能是其他新的方式），因此这些也会影响纺织品印花图案设计师工作的方式。数码印花给设计师提供新的自由，同时也有新的约束。

数码印花通常是用特殊的电子文件格式保存，主要是TIF格式，并使用特殊的色彩模式（通常是LAB）。数码印花打印机也要执行很多必要的转换，这是由多种不同的印花工艺决定的。如果要求设计师去投产重复图案，那么图案必须是精确的尺寸和精确的像素（通常是300dpi）。例如，数码打印机在面料表面把一个图案拼贴成重复图案。如果图案作品的上部分和下部分不匹配，那么打印机也不会自动改正这个图案，而是仍然需要设计师事先去修正。

## 新技术的开发

数码印花最基本的改变或许就是提供了一个不限色的调色板，使印制一幅含有成千上万种不同颜色的图案成为可能。从生产商的角度上来说，无论包含多少种颜色的印花，其成本也不会有太大变化。在纺织品印花的这种颠覆性革新大规模采用之前，设计师和顾客都需要一些时间去适应。

与此相似，摄影图像中把一种颜色混合到另一种颜色中也很容易，这两者先前都是有可能的，如采用转移印花就能实现。然而，面料的选择范围很受限制，且需要采用与辊筒印花完全不同的设备去印制。使用数码打印机印花却可以在任何面料上印制任何图案。

这种无拘无束也是喜忧参半的。因为即使可以把任意的图案印到面料上，也并不意味着那些图案放在上面都会好看。纵然技术会提高，但是保证图案高质量的要求却不会改变。

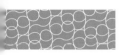
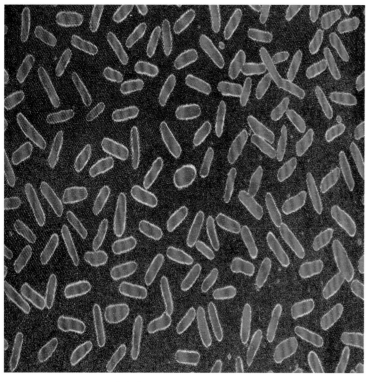

**上图：**

　　拔染织物样品——黑色的部分是被拔染剂拔色的，粉色的是照明染料，它与漂白剂混和在一起以阻止漂白。

## 用其他方法印制的图案

　　印花图案设计师创作其他类型图案的方法基本上分为两类：限制调色和无限制调色。其中，限制调色还包括一些分色的方式。以礼品包装的图案设计为例，因其表面是纸质，所以很可能通过光刻胶版印刷印制这些图案，且在调色板上没有色彩数量限制。同样，图案设计师也可能会应用转移印从而把这些图案印在纸上，再经过高温按压在面料上。然而，这样的印花过程可能包含一定数量的专色而不是源自标准的CMYK印刷产生的混合色彩，这点是值得注意的。

## 面料印花工艺

　　用于印制面料图案的颜色有各种各样的染料和墨水。到目前为止，最经常使用的不是染料就是色素，但也还会使用很多其他工艺。不同的印花工艺相结合也是有可能的，但在行业中却很少见，其原因有可能是生产成本高昂。值得注意的是，印花并非是制造图案面料唯一的方式，如提花梭织或者地毯簇绒等构建工艺也可以将图案表现出来。另外，还有其他的装饰性工艺，如刺绣等。以下所列是获取色彩图案的一些主要方法。

### 染

　　这是最常见的一种类型。通过染料与面料发生化学反应而得到所需要的颜色。染色剂不会影响面料的手感，也不会改变它的表面特性。染料通常是透明的，蓝色印在黄色的面料上会产生绿色。染料的选择取决于所印的织物。活性染料最适合用于纤维素纤维和蜂窝组织纤维上，如棉、亚麻或者黏胶纤维等；酸性染料通常用于蛋白质纤维，如丝或羊毛，但也可能用在尼龙上；分散性染料通常用在聚酯纤维上。在丝网印花中，所有的化学物质都要求与印花色浆混合；在数码印花工艺中，除了实际的染料，其他所有的必备原料都要与面料一起做预处理，当面料通过打印机时，图案就会印在上面。经过以上两个步骤后，面料通过蒸或者烘烤来固色，然后再进行完全清洗。分散染料在预先印好的纸上通过加热金属板或者辊筒也可以转移到面料上。尽管一些染料或许在持续冲洗或者暴露在光中会褪色，但它们的使用寿命还是比较长的。

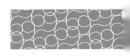

## 涂层

这种工艺是通过物理作用把颜色附着在面料上，也就是在面料表面覆盖了一层颜色。该工艺会对面料表面的特性以及手感产生一定影响，影响的程度取决于使用的色素。色素可以涂在任何能够承受固色工艺的面料上，固色方式通常会选择加热，尽管特殊光源（如红外线）可以固化许多色素，但另外还有一些色素根本不需要固色。色素可以是透明的或者不透明的，后者能够覆盖很多面料的基本色。部分涂层图案可能比染料图案的耐久性差，尤其是涂层图案又很容易受到织物表面磨损或者拉伸的影响。涂层可以用于表现丝网印花或者数码印花等染料印刷所不能实现的金属光泽、珍珠光泽或者其他效果。

## 拔色

这是一种最普遍的染色工艺，尽管偶尔也会采用涂层形式。拔色的面料需要提前用一个可漂白的底色印好。拔染剂含有漂白剂，通常被用丝网框印在面料上面。当蒸烫面料时，拔染剂和面料的本色发生反应，将面料漂白。耐漂白剂的染料（称为照明色）可以加到拔色浆中使本色漂白，同时照明色代替了先前的颜色。

## 烫金和植绒

面料需先用一种胶做丝网印花，然后把具有金属感的锡箔粘到面料上（通常采用高温加热技术），这些锡箔只粘在面料上有胶的地方。这样做会比用金属色涂层更具闪光的效果。植绒过程是把细小的纤维分散在织物里，然后通电让它们直立起来，它们也都只粘在有胶的地方。此两种工艺可以运用到大多数的面料上，但耐磨性较差，并且对于面料手感也有很大的影响。

## 烂花和烧花

把一种高强度的酸性膏状物用丝网印花工艺印在一种特殊的混纺面料上，酸性药膏会把含有纤维素或者纤维质的纱线腐蚀掉，如棉、亚麻或者人造丝等。蛋白质纤维（羊毛或丝绸）或者合成纤维（聚酯纤维或尼龙）可以保留下来。一般来说，该工艺多运用于梭织或者针织的面料，它会腐蚀掉棉的部分留下聚酯纤维的部分，而不是在面料上烧个洞。

## 发泡

一种加温时会膨胀的颜料。发泡黏合剂和颜料混合，用丝网印花工艺印在面料上然后加热，出现凸起的、微带弹力的印花。发泡耐磨性较差，能够印在有弹性的面料上，会形成一种肌理和立体效果。

## 激光切割

从技术上来说，激光切割不能算是印花工艺。它可以用来把一个图案从面料上切割下来或者从面料表面上切掉薄薄的一层，从而把图案蚀刻在面料上。

左图：

托尔德·伯恩切（Tord Boontje）用烂花技术为埃伯尔措夫特集团（Kvadrat）设计的"塞尔（Serre）"图案。

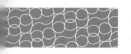

# 设备清单

不论你每天的工作环境怎样——是被聘用、自由设计师或者是一名学生——你都会在一个空间里工作并且会用到一些设备。即使你不能控制这些事情的各个方面，但优化资源是设计过程中一个非常重要的部分。

本节中，我们将会探讨大多数从业者常会使用的设备，并探讨怎样充分利用现有的设计环境。研究如何去组织这些事情能对职业生涯的质量和效率产生很大的提升作用。同时，花费一些时间去完善它们是非常值得的。

## 建立一个工作空间

如何布置工作空间将会对你的工作进程产生很大影响。无论你是在家中一间屋子里的某个角落工作，还是受聘于一位老板而在一个办公室的环境中上班，又或者是在你自己的工作室里进行设计，为你的直接工作环境做一些计划都将会有利于工作的开展。工作空间的布局方案归根结底还要考虑到你所使用的设备以及为了执行工作简报而涉及的资源。如果你每天都需要花费大量时间从抽屉里拿绘画和涂抹的工具，你是否考虑可以把所有东西放在外面，这样就能直接开始工作。如果桌子上堆满了各种灵感图片，那么把它们用针固定住或是贴在墙上会更加便于你在需要的时候找到它们。

一些设计师喜欢让他们的工作环境保持非常干净整洁的状态，每件东西都放在该放的位置。还有一些设计师更喜欢一个杂乱的方式，灵感图片和设计材料在工作空间中自由散落。实际上，大多数设计师处在两种极端方式的中间。这点对你来说并不重要，只要能确保自己正处在恰当的平衡点上即可。相比设计的时间，你若花费了太多的时间来打扫，那你就应该考虑尽量采用更为放松的方式。如果你每天花几个小时寻找你上周做的设计，那就说明你需要变得更有秩序一些了。

理想情况下，你的工作环境应该能反映出你定期用到的不同的工艺和媒介。如果你采用手绘和计算机混合设计的方式，那么你就应该尽力建立一个两者都适合的空间。在实践中，你可能没有一个这样的空间，但是仍然要考虑创建一个可以在两者之间快速切换的方式。

如同你需要思考工作的空间一样，考虑下怎样工作也是一个不错的主意。在本质上，你会越来越清楚地意识到为了更有效率地工作你应该具备哪些工具。以收集具有灵感来源的图片为例，如果你花费几个小时来把图片按字母分类并放到一个文件夹中，但如果以后再也不打开它，那这一切都是毫无意义的。虽然把所有图片随意地堆在一个盒子中可能起初是没有秩序的，但在挖掘、寻找盒子里的一些图片的过程中，你有可能偶遇到其他那些你已经遗忘的能够激发你灵感的图片。

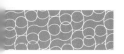

上图：

　　不论工作方式变得怎样复杂和数字化，很多设计师仍然依赖于用基本的绘画设备去画出并发展他们的构思。

## 开发工作流程

　　即便是面对一个严格的截止日期，深思熟虑仍然是设计过程中一个至关重要的部分。怎样开发工作流程，这一问题的核心不应该只单纯地围绕效率，质量才是最根本的。多数设计师都经历过花费很长时间来思考设计中的一个小元素的情形，因为他们不能确定怎样做才是最恰当的。这时，休息片刻或者做一些其他的事情反而会迸发出一些解决问题的想法。

　　顾客或者雇主的要求也常会成为你工作的框架——如果你从上午9点到下午5点都是工作时间，那么在下午3点之前都没有创造力是十分糟糕的。优化工作流程应该聚焦于提高效率的方式，而不是自我放纵。

　　若要做得好，就必须花费很多时间，理应如此。在创意产业中工作的人大多数都非常努力，但是相比其他职业者来说，他们也更有可能去享受工作。然而，工作和生活的平衡是非常重要的。花费很多时间做一些事情并不一定要比花费十分钟做的事情更好。厘清工作思路并将之体现在工作上，这将对图案作品的质量有很大的影响，同时也是你成为一名优秀设计师的重要因素。你会是一个幸福的人，因为你有工作之外的生活。

**"有三条获得知识的基本方式……观察自然、反思和经历。"**

——德尼·狄德罗（Denis Diderot）

## 一般绘画

虽然纺织品印花图案设计变得越来越数字化，但是大多数从业者仍然会使用一些传统的媒介进行工作。甚至是最坚定的数码支持者也可能偶尔乐意用下铅笔，而不必为此花费五分钟去启动计算机。同样，比起做一些标志制作和扫描工作，他们更愿意花费几个小时的时间去用软件创作一个笔刷工具。的确，使用何种媒介很大程度上取决于工作的环境。一般情况下，由于在学习期间产生了对某种特定媒介的亲和力，许多设计师对于自己熟悉的媒介具有相当清晰的个人理解。但是，尝试新的技术和工艺也是应该的。如果你感觉到自己的工作方式一成不变而去尝试新的技法，这将是难能可贵的。图案设计需要耐心是肯定的，重点是你用技术所做的工作，而不是技术本身，这点很重要。

传统上，对于很多纺织品印花图案设计师来说，图案工艺的最后一个步骤是用水粉画表现。将在调色盘中提前混合好的颜料涂在用铅笔绘制的稿纸上或硫酸纸上。在一位熟练的从业者手中，水粉颜料会被涂得很平整，这样就很容易看出图案被转变成印花后的呈现效果。但是，设计师也经常使用一系列其他媒介。只要能成功地完成工作简报，你可以去体验任何你喜欢的表现方式。在过去，一些媒介的使用可能受到一系列可用颜色的限制。例如，一种独特类型的马克笔只能在有限的色调中使用。现在，传统媒介可以扫描并用计算机软件重新上色，这就不再成为问题了。

**上图：**

尽管手工丝网印的经验对纺织品印花图案设计职业并不是至关重要的，但对印刷工艺是什么样的以及对其影响的认识却是很重要的。

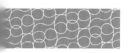
## 绘画的重要性

　　掌握任何媒介的使用难点都是非常重要的。用传统的墨水笔画出不规则刮痕或者用非常软的铅笔画出千变万化的笔触和阴影都需要大量的练习才可以做到运用起来能够信手拈来、游刃有余。一旦获得了这些能力，它们就成为设计师基本技能的基石，即便它们只是构成设计过程的一部分且将逐渐被数字化技术终结（对于纺织品印花图案设计师来说，数字技术相当于新的"水粉"）。纺织品印花图案设计师之所以被纺织行业聘用，是因为他们有能力利用媒介把设计主题转化成视觉信息，这些信息就成为对生产商的宣传介绍。这似乎是一件显而易见的事情，但却要求设计师具有绘画和使用色彩的能力，学会了这些技能就等于朝着专业成功迈进了一大步。

## 丝网印花

　　一直到最近几年，大多数针对纺织品印花图案设计师的培训内容中或多或少都会包括一些丝网印花的训练内容。当然，不是所有的艺术和设计院校以及系部都能够保留这些设备，因为这要求有很大的空间去放置印花的桌子。一些更大的机构把这些看作是效率低且花销大的设备。部分自由设计师的工作室确实会把他们的图案印在面料上（尽管这通常是年轻人的工作），为印花公司或者布匹加工批发商工作的设计师也有可能会使用这种技术。丝网印花为你提供了一个理解印花工艺怎样运作和怎样影响设计过程的机会。即便是有限的手工丝网印花经验，也会给你的职业生涯带来有益的影响。

## 硬件概况

　　硬件是数码设备上的物理存在。计算机、打印机、扫描仪和数码相机都是硬件。计算机本身很明显是这一切的中心，其他硬件可作为外围设备。

　　如果你是一名聘用设计师，公司很可能会提供给你一台计算机。在许多设计领域里都是以苹果计算机为基础的。相比平面设计师，纺织品印花图案设计的相关从业者可能更多地使用PC机。你不应该因为在学习过程中常使用苹果机而装腔作势，其他员工也都是一样的。无论你使用或者喜欢哪一种操作系统，必须确保自己具备使用另外一种系统工作的能力。实际上，一旦你使用一种软件，它们之间经常会有一些显著的小差异。如果你是一名自由设计师或是一名学生，基本上你是必须要去买一台计算机的。至于哪一种计算机更好的争论早已是老调重弹，可视每位使用者的具体情况而定。如果你使用的是类似Adobe® Creative Suite®这样的软件，这在两种系统中的操作方法基本是相同的。另一方面，通常来说，你的计算机的配置必须确保能够运行自己常用的软件。同样，你更愿意有一台便携式计算机还是台式计算机也由自己决定——后者便宜一些，但是不太方便。如果你用便携式计算机工作很长时间，为了避免RSI（重复性紧张劳损）的风险或靠背的问题，你应该需要一个插在计算机上的合适的键盘和鼠标，还要把它放在一个支架上。

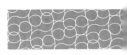

定期备份你的设计是绝对重要的。如果计算机的硬盘损坏了，这可能不是一件多么严重的事故，问题在于它损坏的时机。数据恢复可能有效，但要浪费时间和金钱。这时，加挂一个外置硬盘，而且要定期备份你的工作是非常必要的。硬盘的损坏永远没有好时机，但是你的工作应该建立在这样的一个基础上：在某项工作要求完成的最后期限前，你能够解决硬盘损坏的问题。至少，你应该每周备份一次自己的工作内容。

需要添置多少硬件取决于你的工作环境。如果你是受聘工作，那可能会一切齐备，但如果你是自由职业者则可能要为购置一台相机、一台扫描仪、一台打印机做出预算。买一台A3+（小型+）打印机是很值得的。有些设计师的确配有大型打印机，但是在你投资之前最好先去看看是否有必要，因为购买成本会随尺寸增大而递增。

另一个绝对值得的硬件配置是手绘板。对于图像编辑而言，它们比用鼠标或者触摸板便捷得多，尤其是操作矢量图制作软件的时候。它们比鼠标和触摸板更精确，并且也更自然——手绘的感觉接近于实际绘画。在专业使用中，最常见的手绘板品牌有"和冠"（Wacom）等。

## 软件概况

软件是你的计算机硬件运行的程序。你告诉软件的界面想让它做什么，于是软件就会使用硬件去执行你的指令。

在为一个数码系统的建立做预算时，将软件的成本计入在内是很重要的。专业软件价格不菲，如果你不愿为设计工作所必需的软件花钱而把资金全都投到硬件上，那将是徒劳的。在很多情况下，你可以通过购买一个软件包而节省开销，这要比购买单个程序便宜得多。如果你是一名学生，应尽力在软件上争取到最大的折扣。

在市场上虽然有很多不同的设计程序，但是纺织品印花图案设计师最常用的两个软件是Photoshop®和Illustrator®。同时，纺织品设计专业软件包也可以使用，以上两种软件在工作计划书中被越来越频繁地提到。可以把钱花在纺织品专业设计软件包上，而购买那些在职业广告中提及的软件很有可能是一种冒险。除非你是自由设计师，而且确信它会提升你的设计水平（这种情况较少），否则那就不值得购买。同样，还有其他较便宜的（甚至免费的）图像编辑程序，但是你会发现此类软件的普及性较差。

**使用计算机未必一定能做出更好的设计，但却一定能够大大提升你的工作速度。**

——维姆·克劳威尔（Wim Crouwel）

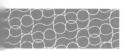

### 像素和路径

图像编辑软件通常以像素和路径两种方法中的某一种来展开工作。光栅或位图系统把图像区分为色块的称为像素；矢量或线性艺术系统则是用一条能够形成明确边缘的线（路径）把图像分为一系列的形状。

基于像素的软件善于处理照片或者其他复杂的图片。对于大多数人来说，这种程序更直观并且学起来更容易一些。大尺寸的像素图像占用很大的文件内存并且可能要求高配置计算机去编辑——高配置计算机在完成任务时耗费时间极少，也基本上没有不能处理的图像。由像素组成的图像不适合放大。通常情况下，把任意图片放大到原尺寸双倍以上将会导致原始图像明显模糊或产生锯齿。

一般来说，基于路径的软件适合处理更多的形态元素或类型。路径创作的图像能够放大到任意尺寸且不失真，而且相比等大的像素文件所占用的内存较小。另外，此类图像可以很容易地编辑图像的细节，如可以改变线条且不必改变图像的其他部分。然而，学会怎样使用软件却需排除万难，且需花费大量时间才能够达到充分利用并拓展软件功能的地步。虽然摄影图片也能够转化为路径，但是这种图片效果会有显著的改变。除非更改后的效果是刻意追求的，否则相片绝不要在基于矢量的程序中去编辑。

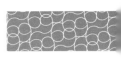

**文件格式**

　　当你在从事一项用数字技术完成的项目时请注意：为保存图案完成稿而建立的文件格式很重要。同时，存储后的文件格式可以随时改变（一般都是通过"保存为"这项功能，大多数软件都具备此功能）。

　　例如，如果一位客户要求把设计作品保存在基于路径的文件格式里，那么可以在一个基于像素的程序里去创作图案，然后在Illustrator®里把它打开，并另存为一个基于路径的格式中，如".EPS"或者".AI"，图像本身的内容仍然是像素形式。对于客户来说，如果他们想利用矢量图像的可伸缩性和可编辑性，这时图像内容就需要在路径里操作。即使在创作图像时严格采用正确的格式，但也可能没办法按预期的方式使用。通过Illustrator®的"实时描摹"（Live Trace）功能去转变基于像素的图片到基于路径是有可能的，但是除非图片从开始编辑的时候就非常图形化，否则会产生很明显的变形。

　　一些基于像素的文件可以通过压缩功能来减少文件内存。在有些情况下，如LZW（无损压缩）的图片存为".TIF"格式，压缩后的图像没有任何不同——这是无损压缩。还有其他一些方法，如存储为".jpg"格式，即改变图像来降低文件内存的大小——这是有损压缩。一旦这种情况发生了，丢失的视觉信息将不能找回，在这种格式里重复编辑和重新保存会逐渐降低图像精度。

　　注意，这两件事情很必要：第一，从一开始着手工作就要弄清楚需要建立何种格式的文件以及为何选用此种格式。第二，除非有明确的设计要求，如设计结果允许是平面图案或者压缩图像，否则一般都要将原始文件保存为完全可编辑的版本。

左图：

　　矢量图形编辑软件把一个图像分解为彩色线条和轮廓，保存点会沿着路径形成图案。

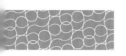

# 良好的工作实践

　　同大多数的专业行业一样，纺织品印花图案设计师的工作经常受合同或者其他形式书面协议的限制。这样既保障了设计师的利益，又保障了客户或者雇主的利益。了解协议的内容是很重要的，这也是找工作过程中的一个关键环节，其实这是简单的，仅仅是要求你在签约之前去读一下合同，核对你理解和同意的内容。

　　同样，你应该意识到工作中的健康和安全问题，这是被很多自由设计师忽略的一些事情。这些很多都是常识——你应当知道在工作生活中将有大量的时间是盯着一个计算机显示屏。譬如，需要考虑设定你的桌子和椅子的高度来避免对身体的伤害。

　　思考为使你的工作具有可持续性而采取的步骤也是很重要的。如果你认为工厂做得不够充分，可参考本节所列的案例。良好工作实践中的这些要素都将在本节中得以讨论。

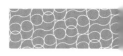

## 版权

版权是使用一个设计的根本权限，通常用于商业目的。如果你是公司的聘用设计师，合同中可能会注明你所做的所有设计工作的版权归雇主所有。如果是自由职业者，你将自动拥有自己创作的图案版权。对于纺织品印花图案设计而言，一般来说，当你售出设计时，版权就转交到购买者手中。如果你是被委托设计并且和客户签有合同，合同中会规定客户拥有你为他们创作的所有图案的版权。你当然能够保留备份作为你自己工作的记录（合同上经常也会这么规定），但是一旦图案出售，你就不能再使用这个图案，且在任何其他作品中也不能出现此图案中的任何元素。此外，除非你从新的版权持有者那里得到书面许可，否则不能公开展示这个图案作品（如在网上展示）。

不要企图去以任何形式把任何人的作品当作是自己的。如果某个纹样是已有的著名图案中的一个元素或者是你从"谷歌图片搜索"中找到的，除非你得到版权持有者的书面许可，否则切勿使用。

**左图：**

只有你得到使用别人的图像的出版许可，才能确保一幅图案的每一个元素都是你创作的。使用不同媒介的图像都应该如此——确保设计中所有的元素都是原版的。

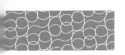

## 许可

印花图案设计与其他设计领域（如插画）的联系相对较少。"许可"是规定图案销售的使用目的或使用期限（一般是两者都有），设计师可以保留版权，而客户购买使用权。一旦图案完成了使用目的或者使用期限截止，设计师可以再次自由出价销售，当然有可能还是相同的客户。实际上，这意味着原图案的主题不太适合于其他的客户。但如果出于宣传的目的，设计师仍可以自由地使用图案，除非客户对这个图案拥有永久版权。

## 合同

在你为聘用方工作之前，几乎每一位老板都要求签一份合同；如果你被某个代理机构代理，显然地，你同样需要签订一份合同。如果接到的是一份特别的设计工作，自由设计师也会被要求签合同。在签订之前，你应该仔细阅读合同内容且不能让自己感觉到签得很有压力——你应该腾出时间去仔细阅读且对于合同中的任何疑问都可以提出来讨论。签署了合同也就表示你同意了其中的各项条款——如果对合同的内容一无所知，在以后的工作中就难以防范各类差错。

## 保密或机密性协议

鉴于一旦投身到印花图案的设计项目中，设计师会为一个图案的上市花费相当长的时间。因此，可以理解许多公司都希望相关的设计师在实际上市前不要轻易向他人（尤其竞争者）透露设计是什么样的。保密（严禁告诉公司以外的人设计的具体内容）是雇佣合同中常见的内容，同时也是与自由设计师签定的委托设计合同的组成部分。请仔细阅读协议并在你接受那些条件之前和雇主或者客户讨论你关心的所有问题。

在很多情况下，雇佣合同中会规定如果你在竞争对手公司中谋到一份新工作，原雇主将要求你立刻离开他们的办公室。在这种情况下，你通常会得到违约金但不允许再继续工作。当你签订合同的时候，应该检查这部分内容。

作为一名自由设计师，你可以为任何提供给你工作机会的人工作，但是要格外谨慎地选择你要展示给潜在客户的材料。向他们展示你曾经为其他客户所做的设计会违反版权和保密两个协议。他们可能还会产生这样的印象：你以后也同样会给其他人展示你曾经为他们做的任何工作。不仅如此，他们也许会因此而暂缓录用你。但是，采用删除过去客户的名称的做法是一个不错的主意（可以帮助你说服新客户，让他们确信你有处理好他们工作的经验）。最好不要展示过去给其他客户所做的设计，除非你有客户的书面许可，并且告诉新客户你所展示的是一个工作案例。

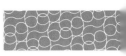

**作者贴士**
**定价指南**

如果是受委托设计，其价格将会比仅在纸上、用数码形式、用面料样品等设计形式要高。无论是哪种形式，如果项目涉及很多设计师，其价格通常会有一些折扣。图案的复杂性或者图案的尺寸在价格上没有明显影响，但是非常精细的作品可能会需要多付一些费用。

家居印花图案（铺满式、精细的循环图案）的设计价格会略高一些，同时，非常精细或者尺寸很大的图案则有更大的价格提升空间。

对于服装面料上使用的图案而言，委托设计稿时会要求更高的价格。通常来说，大批量销售的产品设计价格会有所降低。

礼品和文具的图案设计价格，因最终用户的不同而有着较大的差异。但是，服装图案的价格相当稳定（有时，你得到的费用可能要少一些）。

**条款和条件**

如果你是以自由设计师的身份工作，条款和条件基本就是你的客户必须履行的一份合同。这通常在发货单上有表述，但是在工作开始之前要事先进行讨论。通常来说，合同多在商谈价格达成一致意见时签订。T和Cs（条款和条件可以如此简称）应该包括注明如何支付费用的细节——发货后的一个月是正常标准，但是你可以要求在工作开始前先预付一部分或者收取额外的材料费用。尽量避免客户拖延付账，越来越多的代理机构和设计公司规定只有收到付款后才能将版权或者许可权给予客户。条款和条件通常也包括版权协议或者许可协议的内容。这其中包含从可以长久地任意使用到仅仅在有限的时间内使用单个产品的许可（之前这是很寻常的）。在某种情况下（尤其是在委托工作的情况下），T和Cs可能也规定了即便客户最终不接受设计方案也必须付一些费用，或者一旦客户签了这份设计工作，无论将来有任何的变化都需为之付费。

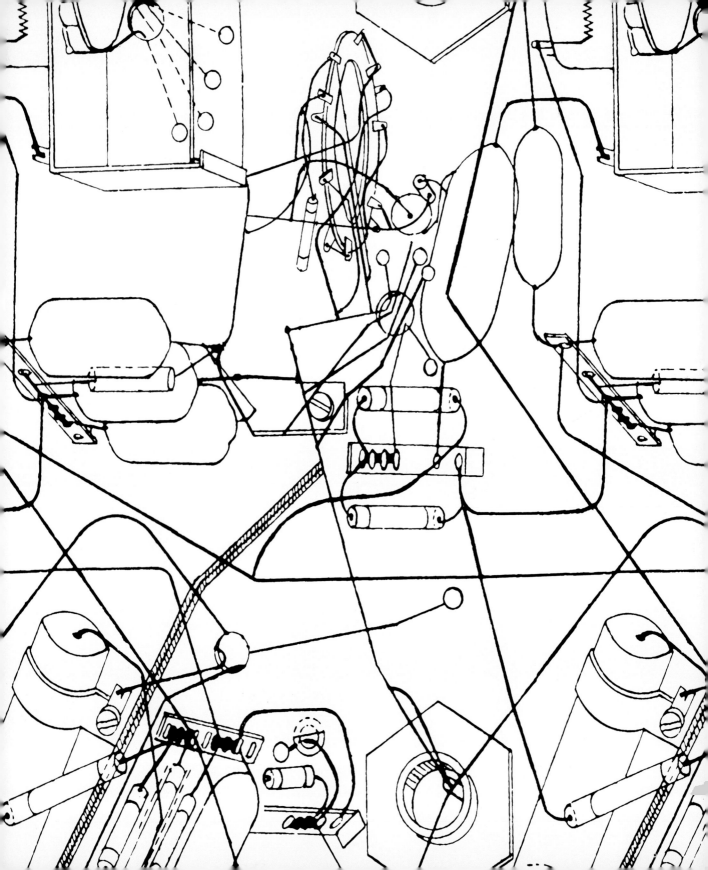

## 职业健康和安全

如果你是被聘用的职员，在工作期间，老板应对你的健康和安全负有责任。对于一名设计师来说，这就意味着计算机、设计台和椅子应该准确地按照你的身体数据去装配。例如，工作空间的光照和温度也是重要参照项。如果是自由设计师，这些都是你自己的责任。认真对待这些因素很重要——一些简单的事情如正确调节椅子的高度能在长期的健康问题中产生很大的影响。因此，财政支出中应该包括如购买能准确调节和支撑的椅子等内容，即使这可能是昂贵的。当然，对于从业人员来说，采用一套新的工作方式去节省用于照顾自己的预算也很容易。但不可否认的是，这是极为重要的，因为会对你逐渐变老的生活产生显著的影响。

## 可持续性

就像你所了解的，法律由于可以维护你的工作并确保你享有的福利而显得十分重要，工作对环境的影响问题也同样亟待关注。

如果你关心可持续性发展且认为工业行业应该做更多的事情以确保人类和地球未来的安全，那么在抱怨别人之前先思考下你自己的实际行动是很重要的。你做的改变相对于整体上逐渐增多的积极变革来说可能是微不足道的，但这仍然是好事。

**可持续性的首要原则是结合自然的力量，或者至少不能挑战它们。**

——保罗·霍肯（Paul Hawken）

上图：

皮特·英格沃森（Peter Ingwersen）的"先觉者二"项目给服装行业供应有机的且公平贸易的乌干达最高质量的棉布。

右页图：

高丝披姆品牌（Gossypium）争取做到道德最佳实践的五个方面：责任、可持续性、透明度、农业和纺织品工艺。

## 可持续发展问题

作为一名学生或者专业设计师，你的部分实践活动是以消费者的身份去实施的。为了做设计，你（或公司）必须购买材料、设备和其他资料。这些能源中也包括电源、旅行支出等（即便只是去工厂或者学校），你不能控制所有的这一切，但是那些你能够掌控并且应该做的是关于可持续发展的行为。

你应该思考每天使用的所有设备。你用的纸张是否来自可持续的渠道？不想要保留的物品是否能够回收再利用？能源消费是另外一个问题——不仅要尽力做到低能耗以节约地球资源，而且要节省自己的账单。假如你的计算机使用寿命是两年，这期间它每天都要工作。在每一个工作日里，你能够清楚地看到电池的消耗——这也是决定买哪款计算机的一个重要因素。在计算机的使用寿命结束时，你不能将其简单地扔掉，这样它最终会被当作垃圾填埋。如果你不愿卖掉或者送给别人，至少应该回收它。

正确理解与可持续发展相关的问题是很重要的。大多人现在是否已经意识到了该问题，目前尚无定论。人们知道自己的行为对地球有不利的影响，工业行业中危害员工健康的行为已经存在很长时间了。有意识是很重要的，但它仅仅只是第一步。

可持续发展问题必须以某种方式引入到纺织品行业中。不管消费者是否会意识到某种特定的产品是具可持续性的。在工业行业中，人们可以通过扩大设计师的影响去寻找到一种相比原来更具可持续性的生产方式。更成问题的是，民众需要被鼓励减少消费——欲望必须符合需要，而不是想要。努力找到解决这个问题的方法是21世纪的重大挑战之一。设计师的创新能力应该落实到这个核心问题上，你自己的亲身行动就是一个良好的开端。

# 本章小结

作为一名设计师，你每天的工作都要和一系列的媒介与设备打交道。思考一下你在创作图案的过程中使用过什么媒介和设备，它们既帮助你的工作做得出色又确保满足了雇主或客户的要求。

正如你所知道的：印花图案设计是采用正确技术的人工制作过程，你同样应该知道图案应该如何进行生产。当然，你可能没有在面料上进行实际操作的经验，但你的设计工作还应该能反映出你对涉及的生产过程是了解的。

要成为一名好的设计师，很大程度上在于你对生产过程中的各种因素对设计的影响是否有深刻的认识和理解。但仍有其他重要问题需要了解。很明显，仅仅这些事情还不能很好地诠释一名纺织品印花图案设计师。尽管如此，你了解到的关于版权和保密、健康和安全等问题还是很重要的。

# 思考题

1. 什么工艺常被用来生产带有印花图案的产品？
2. 为什么对于纺织品印花图案设计师来说了解生产过程是很重要的？
3. 为什么说去思考你工作的空间以及你创作图案的过程是很值得的？
4. 一个纺织品印花图案设计师需要哪些典型的设备？
5. 在从事纺织品印花图案设计的职业之前必须了解哪些专业实践的重要问题？
6. 印花图案设计从业者对他们自己和环境必须负有什么责任？

# 结论

作为一名专业纺织品印花图案设计师，你需要具备一系列技能，这就意味着你能够执行工作简报。要执行好21世纪的工作简报就必须能够将传统的绘画能力及色彩应用能力与数字技术相结合。的确，采用何种媒介或工艺取决于工作，但是，在不同方法和不同技术的广阔领域里游刃有余是非常重要的。然而，这只是手段并非结尾。恰恰是设计师利用工艺手段做出的成果，而不是工艺手段本身使得图案呈现出诸如原创性、革新性或成熟性的品质。

你要理解自己工作的语境。如果你不能将其传递出去，那么，无论你是多好的设计师（或者自认为是）都是徒劳。你必须要了解自己正欲闯入的世界，你的工作成绩应该能够显示出你对这份工作的重视。那里矗立着一个巨大的工业行业，它时刻急需人才和新创意。但是，它也要求你具备专业的思维与技能。

一名专业设计师和一名学生在着手一个新项目时的区别归根结底就是经验——前者能够既好又有效率地完成一份工作简报是因为他们愿为此花费几千个小时以获得工作经验。特别是他们能够在不同风格的领域中设计且行动迅速。专业设计师似乎花费很少的时间去调查研究，甚至在生产最终的系列产品前也很少去开发他们的创意。这两个技能——适应性和快速地把一个设计转变到一个项目上——工厂里通常把它们作为大学生和他们的作品集中所欠缺东西的典型代表。

本书不奢望能把你塑造成一名优秀的设计师，而只是一本非常平常的对于当代纺织品印花图案设计师的实践进行介绍的书，其目的是对即将开始以纺织品印花图案设计师为业的你所需要了解的基本情况有一个简洁的概述。你要使自己成为一名优秀的设计师。你也需要了解很多不同种类的环境：成果或者产品、视觉文化、生产要求、技法的改变、工厂怎样操作等。最后，你需要能够把这些都联系起来并且证明你具有技能和背景环境的意识。这些努力工作的收获就是一份富有挑战性和令人满意的事业以及看到你的印花图案能够充实他人生活的欣喜。

# 参考书目

**Black, Sandy (ed.),** Fashioning Fabrics, Black Dog Publishing, London, 2006.

**Blackley, Lachlan,** Wallpaper, Laurence King Publishing, London, 2006.

**Bowie Style (Perkins, Marie),** Print and Pattern, Laurence King Publishing, London, 2010.

**Bowles, Melanie; Isaac, Ceri,** Digital Textile Design, Laurence King Publishing, London, 2009.

**Brown, Carol,** Fashion and Textiles - The Essential Careers Guide, Laurence King Publishing, London, 2010.

**Cole, Drusilla (ed.),** 1000 Patterns, A and C Black, London, 2003.

**Cole, Drusilla,** Patterns - New Surface Design, Laurence King Publishing, London, 2007.

**Dawber, Martin,** New Fashion Print, Batsford, London, 2008.

**Evans, Siân,** Pattern Design - A Period Design Source Book, National Trust Books, London, 2008.

**Fogg, Marnie,** Print in Fashion, Batsford, London, 2006.

**Glasner, Barbara; Schmidt, Petra; Schöndeling, Ursula (eds.),** Patterns 2: Design, Art and Architecture, Birkhauser Verlag AG, Basel, 2007.

**Joyce, Carol,** Designing For Printed Textiles, Prentice-Hall Inc., Englewood Cliffs, 1982.

**Meller, Susan; Elffers, Joost,** Textile Designs, Thames and Hudson Ltd, London, 1991.

**Parvathi, K.,** Textile Designing, Aavishkar Publishers, Jaipur, 2007.

**Perry, Michael,** Over and Over: A Catalog of Hand-Drawn Patterns, Princeton Architectural Press, New York, 2008.

**Phillips, Peter; Bunce, Gillian,** Repeat Patterns, Thames and Hudson Ltd, London, 1993.

**Quinn, Bradley,** Textile Designers at the Cutting Edge, Laurence King Publishing, London, 2009.

**Schmidt, Petra; Tietenberg, Annette; Wollheim, Ralf (eds.),** Patterns in Design, Art and Architecture, Birkhauser Verlag AG, Basel, 2007.

**Schoeser, Mary,** World Textiles - A Concise History, Thames and Hudson, London, 2003.

**Seivewright, Simon,** Basics Fashion Design: Research and Design, AVA Academica SA, Lausanne, 2007.

**Sorger, Richard; Udale, Jenny,** The Fundamentals of Fashion Design, AVA Academica SA, Lausanne, 2006.

**Storey, Joyce,** Textile Printing, Thames and Hudson Ltd, London, 1974.

**Tain, Linda,** Portfolio Presentation for Fashion Designers, Fairchild Publications, Inc., New York, 2003.

**Udale, Jenny,** Basics Fashion Design: Textiles and Fashion, AVA Academica SA, Lausanne, 2008.

**Ujiie, Hitoshi,** Digital Printing of Textiles, Woodhead Publishing Ltd, Cambridge, 2006.

**Valli, Marc-A (ed.),** Graphic Magazine Issue Eight: Ornate!, BIS Publishers, Amsterdam, 2005.

**Viction:**Workshop (ed.), Fashion Unfolding, Viction:workshop Ltd., Hong Kong, 2007.

**Viction:**Workshop (ed.), Simply Pattern, Viction:workshop Ltd., Hong Kong, 2008.

**Waddell, Gavin**, How Fashion Works, Blackwell Publishing, Oxford, 2004.

# 专业词汇表

**Baking** - commonly used fixing process for printed textiles, involving the application of dry heat to the fabric for a set length of time.

**Batik** - a wax resist process used to both print and dye fabric.

**Blank** - printed fabric samples sewn together to create what appears to be typically just the front of a fairly simple garment. Used by some studios to show their designs. The term front is also sometimes used.

**Bleed** - in textile printing, the undesired spread of colour during or after the print process, resulting in a blurred design. Normally caused by too many pulls, too thin a thickener or insufficient washing.

**Block** - either a type of repeat structure where the design tiles exactly horizontally and vertically over the substrate or a cut or inlaid stamp used in the block printing process or a template used to cut out part of a garment from fabric.

**Coated fabric (also known as pre-treated fabric)** - in the context of this book, a fabric that has been treated with a chemical to prepare it for digital printing. The chemical reacts with the dyestuff at the fixing stage to set the colour into the cloth.

**Colour fastness** - a durability of a dyestuff to washing, abrasion, light or any other factor that might alter it.

**Colour forecast or prediction** - a palette intended to provide an indication of what clients or customers may be interested in for a specific future season or point in time. Typically, this provides some context for its appeal and in some cases its end-use. Trends almost invariably include a colour forecast.

**Colour separation** - creating an image of each separate colour in a design, or dividing the image up into a set number of colours. Each separation is then used to create a screen, for example.

**Colourway** - an alternate version of a design with exactly the same content, but a different colour palette. The palette may be tonally similar to the original.

**Computer aided manufacture** - the use of digital technology in the manufacturing process.

**Computer integrated manufacture** - a design and production process in which all information (including visual) is digital. A design created with CAD can be directly printed by CAM, for example, but every other aspect of getting the product to the customer is also controlled by computers.

**Conversion** - the process of creating a finished fabric from its constituent fibres; this may include the print process. Companies that do this are called converters.

**Copper plate printing** - a design is etched or engraved into a flat copper surface. Colour is then applied to the plate, the surface of which immediately has the colour removed, leaving it only in the etched or engraved parts. The plate is then applied to the substrate and pressure is applied, transferring the design.

**Copper roller printing** - a mechanised version of copper plate printing. The copper surface is cylindrical; the roller turns as the substrate is passed over or under it with pressure. The colour is applied, the excess is removed and the design is printed onto the fabric as it turns.

**Curing** - a fixing process, normally involving time, heat or a specific type or light. The term is normally only used in the textile industry for certain types of pigment print.

**Devoré** - an acidic paste is printed onto a specially constructed fabric of two fibre types. When steamed or baked, the acid removes one fibre type, leaving the other as a more transparent pattern.

**Digital fabric printing** - a digitised design is printed onto fabric by spraying tiny drops of dyestuff or pigment onto its surface.

**Discharge (printing)** - a print process that removes existing colour from a fabric. The print paste can contain a dye resistant to the bleaching process called an illuminant which will re-colour the printed areas.

**Fixing** - after the dyestuff or pigment has been printed onto the fabric, in most cases the colour(s) have to be permanently set into or onto it. This is typically done by steaming or baking the fabric. The fabric is then washed to remove any excess colour and print paste.

**Flat-bed screen printing** - term used to differentiate printing with horizontal (flat) screens as opposed to rotary screen printing. In some cases, the term implies using the mechanised process, rather than printing by hand.

**Flock (printing), flocking** - the design is printed onto the substrate with glue. Tiny fibres are applied to the surface and stick to the glued areas, giving a velvet-like appearance. In some cases, an electrostatic charge is applied to the fibres to get them to all stand to lie in the same direction.

**Greige (cloth or goods)** - uncoloured (or unfinished) fabric or garments that are intended to be subsequently printed, dyed or finished in some way. Sometimes known as grey cloth or goods.

**Header** - a card strip running across the top of a sample or blank to support and display it. Headers may feature hooks or hangers to allow them to be displayed on a rail. The term hanger is occasionally used instead.

**Ikat (dyeing)** - a (normally resist) dyeing process where colour is applied to the vertical (warp) or horizontal (weft) yarn (or both) before it is woven.

**Lithography** - a print process that uses oil and water's repulsion of each other. Although never widely used in textile printing, offset lithography (litho) is commonly used to print on paper (such as stationery or gift-wrap) in large quantities.

**Mordant** - a substance that improves the strength of a dye's bond to the substrate.

**Print paste** - a combination of ingredients used by any print process used to carry the colour. Typically this will include dye or pigment, thickener and chemicals to physically or chemically attach the colour to the substrate.

**Pull** - in hand or flat-bed screen printing, each pass of the squeegee and print paste is a pull (regardless of the direction it is made in). A pull made without any print paste is a dry pull.

**Raster image processor** - specialist software used to set up and drive a digital (fabric) printer.

**Registration marks or crosses** - small crosses or similar symbols used to align each separate colour of a print. These are typically visible on the selvedge of a fabric.

**Repeat** - in order to cover a fabric or other substrate with pattern, the design is replicated down and (normally) across it. The structure of this replication is known as repeat.

**Resist (printing)** - a substance applied to certain areas of the substrate that acts as a barrier against subsequent dyeing or printing. When the resist is removed, those areas covered by it remain uncoloured.

**Roller printing** - a print process involving a roller with a design cut into it. Dyestuff is applied and as the substrate is passed over or under it, the pattern is transferred. Examples include copper roller printing and rubber roller printing.

**Rotary screen printing** - the design is cut as a mesh into a cylinder made from thin metal. The print paste is pumped into it and the substrate is moved under it so the cylinder rolls over it. A metal blade inside the cylinder pushes the colour through the holes in the mesh to print the design into it.

**Silk screen (printing)** - the mesh stretched over a screen is now almost always made of polyester, but used to be made of silk. The term remains in occasional use and has nothing to do with silk being a potential substrate.

**Specification sheet, spec sheet** - information resource used in the manufacture of a product. For the print process, this might involve dyestuff to be used, colour references, position of the print or any of a number of other factors.

**Steaming** - commonly used fixing process for printed textiles, involving the application of steam to the fabric for a set length of time.

**Stencilling** - holes are cut into (typically) paper or very thin metal and colour is applied through the holes to the surface below. The forerunner of screen printing.

**Strike off** - a sample used to approve the design, colour, repeat and registration of a printed textile.

**Texture mapping** - a CAD process that places a pattern (or any fabric texture) onto a virtual 3D product or end-use.

**Tjanting** - a pen-like tool used to draw lines of molten wax onto fabric in the batik process.

**Tjap** - a block used to stamp a design in molten wax onto fabric in the batik process.

**Transfer printing** - the design is printed into one substrate (paper or film, for example) and then transferred to another (such as fabric or a ceramic) via a process such as heat or pressure.

**Width for length (printing)** - after printing, the fabric is rotated through 90 degrees to make the product, so what was the fabric's sides become its top and bottom. Commonly used for large end-uses with borders such as duvet covers.v

# 索引

**Compiled by Indexing Specialists (UK) Ltd**

# 致谢、图片出处与译者的话

## 致谢

作者要感谢以下为本书做出贡献的人士：

大卫（David）和塔索·罗素（Tasie Russell）培养我学习绘画，并始终给予我鼓励；苏菲·罗素（Sophie Russell）为本书做了大量的宣传工作；理查德·丹尼尔（Richard Daniel）帮助我与出版社建立了联系；阿兰·赫尔墨斯（Alan Holmes）、安妮·肖（Annie Shaw）博士和朱尔·海斯蓝（Julie Haslam）令我们的工作非常愉快。TD4Fers过去和现在的所有人，特别是安娜·艾格奥（Hannah Exall）、露丝·奥博瑞（Lucy O'Brien）、克莱尔·卢沃（Claire Roberts）、伊曼努尔·斯耶（Emmanuelle Sayers）、乔赛亚·斯戴莱克（Joasia Staszek）、阿贝·沃特金斯（Abbey Watkins）和卡门·伍德（Carmen Wood）让我使用了他们的作品；弗兰斯·维索尔伦（Frans Verschuren）给了我很多的设计机会；菲利普·赛克斯（Philip Sykas）帮助我从"唐宁艺术收藏"拍摄了部分图案作品；利菲·罗宾逊（Leafy Robinson）是一位体贴和富有同情心的编辑；伊恩·韦尔奇（Ian Welch）的图片研究对本书帮助较多；感谢"8设计工作室"，他们的版面设计和所有设计师的印花图案设计各具特色。同时也十分感谢汤姆·恩布尔顿（Tom Embleton）、安娜·玛丽亚·豪艾特（Anne Marie Howat）和吉米·斯提芬-克兰（Jimmy Stephen-Cran）帮助审核各版本的手稿。

最后，如果没有朱迪·罗素（Jude Russell）的爱、耐心和支持，就不可能完成这本书的出版工作。

谨以此书献给亲爱的朱迪（Jude）和乔（Joe）。

## 图片出处

p11 Image © V&A Images / Victoria & Albert Museum, London
p12 Image courtesy of the Downing Collection at Manchester School of Art
p14 Image © V&A Images / Victoria & Albert Museum, London
p15 Copyright unknown
p16 Image © V&A Images / Victoria & Albert Museum, London
p18 Image © V&A Images / Victoria & Albert Museum, London
p19 Claire Roberts © 2010
p23 Copyright Dan Funderburgh
p24/25 Prints by Deanne Cheuk, clothing and photos by Sue Stemp
p27 Design by Studio Tord Boontje for Kvadrat
p28 Blue Floral-Spring Summer 2010 Collection, Paperchase Products Ltd.
p30 Courtesy of Catwalking.com
p32 Angel Chang
p37 Luisa Cevese Riedizioni
p39 Conserve HRP
p41 Design by Hella Jongerius for IKEA, 2009, photo by IKEA
p50 Lucy O'Brien
p61 Courtesy of Amsterstampa
p69 Claire Roberts © 2010
p70 Geoff McFetridge - Champion Graphics
p75 Green Ambush by Eno Henze for Exposif Wallpapers by Maxalot Gallery

p76 Surface2Air
p76 Alastair Wiper
p77 Courtesy of Catwalking.com
p82 Courtesy of Amsterstampa
p84 Alexandra Devaux (www.alexandradevaux.com)
p87 Copyright Adidas China, Style Essentials Spring/Summer 2009
p89 printpattern.blogspot.com 2011
p91 Courtesy of Amsterstampa
p92 Hannah Exall
p94 COLUMBIA/AMERICAN ZOETROPE/SONY / THE KOBAL COLLECTION
p95 Joasia Staszek
p96 Copyright Adidas China, Style Essentials Spring/Summer 2009
p97 Copyright Dan Funderburgh
p98 Claire Roberts © 2010
p101 Copyright Adidas China, Style Essentials Spring/Summer 2009
p106 Claire Roberts © 2010
p120 People Will Always need Plates
p121 Klaus Haapaniemi (Iittala)
p129 Image © V&A Images / Victoria & Albert Museum, London
p132 thomaspaul
p133 Abbey Watkins
p143 Alex Kohout
p150/151 Joasia Staszek
p154 Lucy O'Brien
p155 Lovefoxx, vocalist from Cansei de ser Sexy (CSS) for Design T-Shirts Store graniph: www.graniph.com
p158 Première Vision
p163 Courtesy of Amsterstampa
p168 Jason Thompson, Rag & Bone Bindery
p175 Design by Studio Tord Boontje for Kvadrat
P188 Fokus Fabrik
p190 Peter Ingwersen
p191 www.gossypium.co.uk copyright 2011 Gossypium

其他所有图片由亚历克斯·罗素提供。

希望本书中所采用的所有图片都已经得到版权者的许可并得到了版权使用费。如果存在任何图片被无意间忽略的问题，作者将努力在未来的修订过程中将其纳入修订版本中。

## 译者的话

感谢中国纺织出版社的信任，让我们来翻译本书。本书第一章和第二章由程悦杰翻译，第三章至第五章由高琪翻译，第六章和附录部分由北京服装学院硕士研究生常乐翻译。全书由程悦杰统稿整理。因能力有限，不足之处在所难免，望广大读者和同仁批评指正。

书目：<u>服装类</u>

| 书名 | 作者 | 定价 |
|---|---|---|
| **【服装高等教育"十二五"部委级规划教材】** | | |
| 现代服装材料学（第2版） | 周璐瑛　王越平 | 36.00 |
| 新编服装材料学 | 杨晓旗　范福军 | 38.00 |
| 服装产品设计：从企划出发的设计训练 | 于国瑞 | 45.00 |
| 色彩设计与应用 | 陈蕾 | 49.80 |
| 针织服装艺术设计（第2版） | 沈雷 | 39.80 |
| 服装厂与生产线设计 | 王雪筠 | 32.00 |
| 人物速写 | 金泰洪 | 36.00 |
| 服装材料与应用 | 陈娟芬 | 48.00 |
| 纤维装饰艺术设计 | 高爱香 | 49.80 |
| 服饰图案（第2版） | 徐雯 | 39.80 |
| 童装设计 | 田琼 | 49.80 |
| 服装创意设计 | 韩兰　张缈 | 49.80 |
| 裘皮服装设计与表现技法 | 周莹 | 49.80 |
| **【服装高等教育"十二五"部委级规划教材（本科）】** | | |
| 纺织服装前沿课程十二讲 | 陈莹 | 39.80 |
| 舞蹈服装设计 | 韩春启 | 68.00 |
| 服装色彩学（第6版） | 黄元庆　等 | 35.00 |
| 服装整理学（第2版） | 滑钧凯 | 39.80 |
| 舞台服装效果图：丁梅先设计作品精选 | 韩春启 | 68.00 |
| 舞蹈服装设计 | 韩春启 | 68.00 |
| 服装素描技法 | 陈宇刚 | 39.80 |
| **【普通高等教育"十一五"国家级规划教材】** | | |
| 毛皮与毛皮服装创新设计（第2版） | 刁梅 | 49.80 |
| 服装舒适性与功能（第2版） | 张渭源 | 28.00 |
| 服装材料学·基础篇（附盘） | 吴微微 | 35.00 |
| 服装材料学·应用篇（附盘） | 吴微微 | 32.00 |
| 服装面料艺术再造（附盘） | 梁惠娥 | 36.00 |
| 中国服饰文化（第二版）（附盘） | 张志春 | 39.00 |
| **【服装高等教育"十一五"部委级规划教材】** | | |
| 艺术设计创造性思维训练 | 陈莹　李春晓　梁雪 | 32.00 |
| 服装色彩学（第5版） | 黄元庆　等 | 28.00 |
| 服装流行学（第2版） | 张星 | 39.80 |
| 服饰图案设计（第4版）（附盘） | 孙世圃 | 38.00 |
| 服装设计师训练教程 | 王家馨　赵旭堃 | 38.00 |
| **【普通高等教育"十五"国家级规划教材】** | | |
| 服装材料学（第2版） | 王革辉 | 28.00 |
| 服装艺术设计 | 刘元风　胡月 | 40.00 |

高

等

教

材

# 书目：服装类

| 类别 | 书名 | 作者 | 定价 |
| --- | --- | --- | --- |
| 高等教材 | 【服装高等教育“十五”部委级规划教材】 | | |
| | 服饰图案设计与应用 | 陈建辉 | 36.00 |
| | 服饰配件艺术 | 许　星 | 32.00 |
| | 毛皮与毛皮服装创新设计 | 刁　梅 | 58.00 |
| | 服装舒适性与功能 | 张渭源 | 22.00 |
| | 服装整理学 | 滑钧凯 | 29.80 |
| | 现代服装材料与应用 | 李艳海　林兰天 | 35.00 |
| | 【高等服装专业教材】 | | |
| | 服装材料学（第4版） | 朱松文　刘静伟 | 35.00 |
| | 现代绣花图案设计 | 周李钧 | 37.00 |
| | 服装装饰技法 | 李立新 | 26.00 |
| | 服装色彩学（第四版） | 黄元庆 | 24.00 |
| | 服装设计学（第三版） | 袁　仄 | 16.00 |
| | 现代服装材料学 | 周璐瑛 | 24.00 |
| | 服装新材料 | 刘国联 | 22.00 |
| | 【服装专业双语教材】 | | |
| | 时装设计：过程、创新与实践（附盘） | 郭平建　译 | 45.00 |
| | 服装设计师完全素质手册（附盘） | 吕逸华　译 | 34.00 |
| | 【国际服装丛书·设计】 | | |
| | 时装设计元素：面料与设计 | ［英］杰妮·阿黛尔　著　朱方龙　译 | 49.80 |
| | 时装·品牌·设计师——从服装设计到品牌运营 | ［英］托比·迈德斯　著　杜冰冰　译 | 45.00 |
| | 时装设计元素：时装画 | ［英］约翰·霍普金斯　著　沈琳琳　崔荣荣　译 | 49.80 |
| | 时装设计元素 | ［英］索格·阿黛尔 | 48.00 |
| | 色彩预测与服装流行 | ［英］特蕾西·黛安 | 34.00 |
| 服装理论与应用 | 【服装设计】 | | |
| | 设计中国·成衣篇 | 服装图书策划组 | 58.00 |
| | 设计中国·礼服篇 | 服装图书策划组 | 45.00 |
| | 设计中国：中国十佳时装设计师原创作品选萃 | 中国服装设计师协会 | 58.00 |
| | 打破思维的界限：服装设计的创新与表现（第2版） | 袁　利　赵明东 | 68.00 |
| | 一本纯粹的设计师手稿 | 袁　利 | 42.00 |
| | 服装设计基础创意 | 史　林 | 34.00 |
| | 创意设计元素 | 杨文俐　译 | 78.00 |
| | 服装延伸设计——从思维出发的设计训练 | 于国瑞 | 39.80 |
| | 服装设计：艺术美和科技美 | 梁　军　朱剑波 | 45.00 |
| | 服装设计：美国课堂教学实录 | 张　玲 | 49.80 |
| | 实现设计：平面构成与服装设计应用 | 周少华 | 48.00 |
| | 创意设计元素（第2版） | ［英］加文·安布罗斯、保罗·哈里斯　著　郝娜　译 | 58.00 |
| | 如何成为服装设计师 | ［美］玛卡雷娜·圣·马丁　著　徐凡婷　译 | 48.00 |

# 书目：服装类

| 书名 | 作者 | 定价 |
|---|---|---|
| 舞蹈服装设计·场景创意速写 | 韩春启 | 36.00 |
| 【时装画】 | | |
| 实用时装画技法 | 郝永强 | 49.80 |
| 服装画技法 | 张 宏 陆 乐 | 28.00 |
| 时装画技法（第 2 版） | 邹 游 | 49.80 |
| 绘本：时装画手绘表现技法 | 刘笑妍 | 49.80 |
| 中国服装艺术表现 | 石嶙硕 | 58.00 |
| 【服装设计师通行职场书系】 | | |
| 女装成衣设计实务 | 孙进辉 李 军 | 29.00 |
| 服装色彩与材质设计 | 陈燕琳 | 32.00 |
| 服装设计师手册 | 陈 莹 | 50.00 |
| 品牌服装产品规划 | 谭国亮 | 38.00 |
| 【计算机辅助服饰设计教程】 | | |
| CorelDRAW 服装设计经典实例教程（附盘） | 张记光 张纪文 | 58.00 |
| Illustrator 时装款式设计 | 黄利筠 等 | 58.00 |
| CorelDRAW 时装款式画（附盘） | 袁 良 | 36.00 |
| Illustrator & Photoshop 实用服饰图案 | 贺景卫 | 48.00 |
| PHOTSHOPCS/PAINTER IX 实用时装画 | 王 钧 | 58.00 |
| 内衣设计：Photoshop 绘制效果图 | 徐 芳 | 58.00 |
| CorelDRAW&Photoshop 服装产品设计案例精选 | 卢亦军 | 36.00 |
| 【国际时尚设计 服装】 | | |
| 当代时装大师创意速写 | 戴维斯 | 69.80 |
| 国际大师时装画 | 波莱利 | 69.80 |
| 美国时装画技法：灵感·设计 | ［美］科珀著 孙雪飞 译 | 49.80 |
| 经典时装画动态 1000 例 | ［西］韦恩（Wayne.C.） 著；钟敏维 赵海宇 译 | 49.80 |
| 人体动态与时装画技法 | ［英］塔赫马斯比（Tahmasebi,S.） 著 | |
| | 钟敏维 刘 驰 刘方园 译 | 49.80 |
| 时装流行预测·设计案例 | ［英］麦克威尔 /［英］曼斯洛 著；袁燕 译 | 49.80 |
| 英国服装款式图技法 | ［英］贝莎斯库特尼卡 著 陈炜 译 | 48.00 |
| 时装画：17 位国际大师巅峰之作 | ［英］大卫·当顿 著 刘琦 译 | 69.80 |
| 世界上最具影响力的服装设计师 | ［英］诺埃尔帕洛莫乐文斯基 著 周 梦 郑姗姗 译 | 88.00 |
| 时装设计（第 2 版） | ［英］琼斯 张翎 译 | 78.00 |
| 服装配件绘画技法 | ［英］史蒂文·托马斯·米勒 著 蔡 崴 侯 钢 译 | 69.80 |
| 时装设计：过程、创新与实践（第 2 版） | ［英］凯瑟琳·麦凯维 詹莱茵·玛斯罗 著 杜冰冰 译 | 49.80 |
| 视觉营销：橱窗与店面陈列设计 | ［英］托尼·摩根 著 | |
| 国际首饰设计与制作：银饰工艺 | ［英］伊丽莎白·波恩 著 胡俊 译 | 78.00 |
| 时尚品牌设计 | 戴维斯 | 58.00 |
| 时尚百年 | ［英］凯莉·布莱克曼 著 张翎 译 | 198.00 |

书目：<u>服装类</u>

| 书名 | 作者 | 定价 |
|---|---|---|

**服装理论与应用**

**【其他】**

| 书名 | 作者 | 定价 |
|---|---|---|
| 时装品牌视觉识别 | 陈 丹 秦媛媛 | 48.00 |
| 视觉营销：零售店橱窗与店内陈列 | ［英］摩根 | 78.00 |
| 视觉·服装：终端卖场陈列规划 | ［韩］金顺九 李美荣 | 48.00 |
| 时装设计表现 | 项 敏 | 36.00 |
| 女装设计基础 | 倪映疆 | 24.00 |
| 服装色彩设计 | 李莉婷 | 36.00 |
| 时间与空间：亚洲知名服装品牌经典解读 | 刘元风 | 36.00 |
| 广告创造：混合素材与跨界实践 | 彭 波 赵 蔚 | 48.00 |
| 服装导论 | 乔 洪 | 29.80 |
| 北京舞蹈学院艺术设计系教师作品集 | 韩春启 | 198.00 |
| 北京舞蹈学院艺术设计系教师论文集 | 马维丽 | 88.00 |
| 北京舞蹈学院艺术设计系毕业生作品集 | 韩春启 | 198.00 |
| 十年·有声 | 滕 菲 | 268.00 |
| 流行色与设计 | 崔 唯 | 49.80 |
| 回归自然——植物染料染色设计与工艺 | 王越平 等 | 59.80 |
| 打破地域的界限：服装产品开发项目教学实录 | 罗云平 | 68.00 |
| 2013北京国际首饰艺术展 | 詹炳宏 | 180.00 |
| 服装英语翻译概论 | 郭建平 等 | 39.80 |

**服饰文化**

**【中国传统服饰文化与工艺丛书】**

| 书名 | 作者 | 定价 |
|---|---|---|
| 织机声声 | 余 强 等 | 69.80 |

**【中国艺术品典藏系列丛书】**

| 书名 | 作者 | 定价 |
|---|---|---|
| 中国传统首饰 簪钗冠 | 王金华 | 398.00 |
| 中国传统首饰 手镯戒指耳饰 | 王金华 | 368.00 |
| 中国传统首饰耳饰 长命锁与挂饰 | 王金华 | 368.00 |

**【其他】**

| 书名 | 作者 | 定价 |
|---|---|---|
| 中国少数民族服饰 | 钟茂兰 | 128.00 |
| 中国历代妆饰 | 李 芽 | 38.00 |
| 中国内衣史 | 黄 强 | 39.80 |
| 布纳巧工——拼布艺术展 | 徐 雯 刘 琦 | 68.00 |
| 一针一线：贵州苗族服饰手工艺 | （日）鸟丸知子 著；（日）鸟丸知子 摄影；蒋玉秋 译 | 98.00 |
| 羌族服饰与羌族刺绣 | 钟茂兰 范 欣 范 朴 | 68.00 |
| 现代女装之源：1920年代中西方女装比较 | 李 楠 | 45.00 |
| 中国少数民族服饰图典 | 韦荣慧 | 168.00 |
| 国际纹样创意设计大赛优秀作品集 | 吴海燕 | 158.00 |
| 福建三大渔女服饰文化与工艺 | 卢新燕 | 69.80 |

注：若本书目中的价格与成书价格不同，则以成书价格为准或登陆中国纺织出版社网站 www.c-textilep.com 查询最新书目。